Lamarck und die Boten

Historisch-anthropologische Studien

Schriftenreihe des Ludwig Boltzmann-Instituts für Historische Anthropologie in Wien

Herausgegeber: Hubert Christian Ehalt

Band 7

Der Band analysiert die aktuelle Situation der biologischen Evolutionsforschung. Die synthetische Theorie wird in ihrer historischen Entwicklung und mit ihren Schwächen anhand von konkreten Problemstellungen der aktuellen Molekularbiologie, Genetik, Anatomie, Entwicklungsbiologie, Paläontologie und Astronomie diskutiert. Der Autor entwickelt eine anregende Alternativerklärung im Feld der Evolutionsforschung, die Transgenosis. In seiner Argumentation spielen endogene Retroviren eine bedeutende Rolle. Ein weiterer wichtiger Aspekt der Arbeit von Sandín ist die Darstellung der Vernetzung wissenschaftlicher Paradigmen mit gesellschaftlich geprägter Erkenntnisfähigkeit, das Problem der Ideologisierung wissenschaftlicher Theorien. Diese entziehen sich nicht selten einer kritischen Diskussion in einem interdisziplinären, damit aber auch ungeschützten Raum. Der Autor zeigt, daß Kritik an herrschenden wissenschaftlichen Paradigmen häufig Gefahr läuft, als „Ketzerei" angeprangert zu werden.

Maximo Sandín, geb. 1950, ist Anthropologe an der Universidad Autonoma de Madrid, wo er den Lehrstuhl für Evolutionstheorie und Humanökologie innehat. Von ihm liegen zahlreiche wissenschaftliche Arbeiten zu medizinisch-humanökologischen Problemstellungen vor. Transdisziplinär untersucht er im Sinne Karl Poppers und Thomas Kuhns den Einfluß sozialer und kultureller Faktoren auf Fragestellungen, Methoden und Entwicklungslinien der Wissenschaft.
Der Übersetzer, Markus Bastir, geb. 1969, studierte Humanbiologie und Anthropologie in Wien und Madrid. Er arbeitet als wissenschaftlicher Assistent am Naturhistorischen Museum in Wien.

PETER LANG

Frankfurt am Main · Berlin · Bern · New York · Paris · Wien

Maximo Sandín

LAMARCK UND DIE BOTEN

Die Funktion der Viren in der Evolution

PETER LANG
Europäischer Verlag der Wissenschaften

Die Deutsche Bibliothek - CIP-Einheitsaufnahme

Sandín, Maximo:

Lamarck und die Boten : die Funktion der Viren in der Evolution / Maximo Sandín. [Übers.: Markus Bastir]. - Frankfurt am Main ; Berlin ; Bern ; New York ; Paris ; Wien : Lang, 1999
(Historisch-Anthropologische Studien ; Bd. 7)
Einheitssacht.: Lamarck y los mensajeros <dt.>
ISBN 3-631-33411-7

Umschlaggestaltung von Hubert Christian Ehalt.

Gedruckt mit Unterstützung des Bundesministeriums für Wissenschaft und Verkehr in Wien.

Besonderer Dank ergeht
an die Wiener Städtische Allgemeine Versicherung AG,
an die Oesterreichische Nationalbank,
an die Österreichische Beamtenversicherung,
an die Österreichischen Lotterien,
und an die Münze Österreich AG,
die die Arbeit des Ludwig Boltzmann Instituts
für historische Anthropologie unterstützen.

ISSN 1430-0621
ISBN 3-631-33411-7

Für meine Freundin
Paula Rosario;
Ihr Leben war kurz,
aber reich.

Vorwort des Herausgebers

Das Ludwig Boltzmann Institut für Historische Anthropologie, das die Historisch-anthropologischen Studien herausgibt, ist Forschungsstelle und Forum zur interdisziplinären Diskussion von Forschungsergebnissen über den Menschen und über kulturelle Systeme, in denen sich die Menschen organisierten und durch die sie geprägt wurden und werden. Wissenschaftliche Untersuchungen, die menschliches Handeln und kulturelle Phänomene im gesellschaftlichen Zusammenhang, im historischen Längsschnitt und im interkulturellen Vergleich analysieren, zeigen den Menschen in seiner stammesgeschichtlichen Prägung, vor allem aber in der Form- und Gestaltbarkeit seiner materiellen, institutionellen, sozialen und mentalen Verhältnisse.

Die Forschungen, die im Rahmen der Historisch-anthropologischen Studien veröffentlicht werden, konzentrieren sich auf zwei große Analyse- und Diskursfelder. Der eine Bereich befindet sich in jenem inhaltlichen Feld, das thematisch und methodisch durch Mentalitätsgeschichte, Kulturwissenschaft und Alltagsgeschichte aufbereitet wurde und in den letzten zehn Jahren eine fachlich gesicherte Heimat im Bereich der Historischen Anthropologie findet. Forschungen in diesem Feld zeigen sehr eindrucksvoll, daß die Menschen die zentralen existentiellen Bedürfnisse und Probleme in einer großen Vielfalt kultureller Formen befriedigen und lösen. Verhaltens- und Handlungsweisen, Formen der symbolischen Interaktion, Rituale, Symbole und Zeichensysteme, Gesten und Habitus, Normen und Werte, Gefühle und Einstellungen, Interpretationen und Imaginationen werden in ihren kulturellen Zusammenhängen sowohl in einer genauen, "dichten" Beschreibung der Selbstsicht und -darstellung dokumentiert als auch im Medium der historischen Verdrängung und des interkulturellen Vergleiches analysiert und interpretiert.

In einer durch die Biologie, die Soziobiolgie und die Ethologie bestimmten Anthropologie erscheint der Mensch auch in der Vielfalt seiner kulturellen Ausdrucksformen in viel stärkerem Maß durch seine genetisch-biotischen Voraussetzungen bestimmt. Die biologischen Wissenschaften haben ebenso wie die Kulturwissenschaften in ihrer Erforschung der vielfältigen Bedingtheiten des Menschseins in den letzten Jahrzehnten große Fortschritte gemacht. Kultur- und Naturwissenschaften haben sich jedoch aus

egoistisch-strategischen Erwägungen bisher kaum in eine systematische Diskussion begeben.
Das Ludwig Boltzmann Institut für Historische Anthropologie versucht bei einer grundsätzlichen Eingebundenheit und Heimat in der genuin historischen Zugangsweise eine methodisch historische Verbindung zu der biologisch orientierten Anthropologie herzustellen. Die Dokumentation jener Forschungen, bei denen es um die Diskussion und Vernetzung natur- und kulturwissenschaftlicher Forschungen über den Menschen geht, konstituieren das zweite große inhaltliche Feld in dem die Historisch-anthropologischen Studien publizistisch tätig werden.
Das vorliegende Buch von Maximo Sandín, Inhaber des Lehrstuhls für Evolutionstheorie und Humanökologie an der Universidad Autónoma de Madrid thematisiert anhand von aktuellen Beispielen aus der Molekular-Entwicklungsbiologie, der Genetik, Anatomie, Paläontologie und der Astronomie die Krise der Evolutionstheorie. Der Autor bietet eine anregende Alternativerklärung dieses Problems an, die es möglich macht, die eingefahrenen Analyse- und Diskursgeleise aus einer für die beteiligten Disziplinen wohltuenden Distanz zu sehen. Die Historisch-anthropologischen Studien haben diesen Text, der von dem jungen und engagierten Wiener Biologen Markus Bastir sachkundig übersetzt wurde, als diskussionsanregender Impulsgeber in ihr Programm aufgenommen.

Hubert Christian Ehalt

Inhaltsverzeichnis

Vorwort zur deutschen Auflage

Die Idee zur Übersetzung dieses Buches entstand 1995 während eines Studienaufenthaltes in Spanien. Als Anthroplogiestudent besuchte ich an der *Universidad Autónoma de Madrid* eine sehr interessante Vorlesung über Hominidenevolution. Das besondere daran war der Vortragsstil. Ohne die grundlegenden Theorien auszulassen, kam es gleichzeitig zu einer äußerst konstruktiven Diskussion im Rahmen der Vorlesung und diese beschränkte sich nicht nur auf konkrete Probleme der Evolutionsforschung, auch philosophische und wissenschaftstheoretische Probleme wurden diskutiert. Schließlich wurden auch der - oft gar nicht so wissenschaftlich wie vielmehr politisch orientierte - Wissenschaftsbetrieb und die Problematik des freien Publizierens sowie andere Themen beleuchtet, die für den Studierenden ebenso wichtig sind wie fundierte Fachkenntnisse. Viel zu selten hört man doch während des Studierens von diesen eher "praktischen" Problemen in der wissenschaftlichen Arbeit.
Die besonders humanistische und offene Einstellung des Vortragenden und Autors dieses Buches, Maximo Sandín, hatte auf alle Studenten eine sehr anregende Wirkung.
Da gerade in Wien immer wieder neue Ansätze zur Betrachtung der biologischen Evolution im Rahmen einer theoretischen Biologie vorgebracht wurden, (Evolutionäre Erkenntnistheorie, Systhemtheorie, Altenberger Kreis (Lorenz 1971, Riedl 1975, Evolutionäre Entwicklungsbiologie (Müller 1991), Transitionstheorie (Bujatti 1996, etc.) war es dem Autor und mir ein besonderes Anliegen, diese Arbeit auch dem deutschen Sprachraum vorzustellen.
In einer Zeit, in der die Naturwissenschaft gezwungenermaßen immer mehr nach Superlativen streben muß, die auch in - kompetitiver - wirtschaftlicher Hinsicht verwertbar sind, besteht die Gefahr, daß der Blick für den Zusammenhang des "Ganzen in der Natur", - die Biologie dahinter - verloren geht, denn aus Gründen der Verständlichkeit für die "Konsumenten" dieser Wissenschaft muß es zu einer reduzierten Darstellung ihrer Komplexität kommen. Dies kann dann letztlich die wissenschaftliche Tatsächlichkeit verzerren. Dieser Tendenz zu einem ontologischen Reduktionismus, der in letzter Konsequenz auch zum Verlust jeden Respekts vor dem Lebendigen führen kann, entgegen zu wirken, ist ein Anliegen dieses Buches.
Das zweite Anliegen ist die Darstellung, wie soziale Paradigmen mit der wissenschaftlichen Erkenntnisfähigkeit des Menschen interagieren und dieses

Phänomen zu Theorien führen kann, deren Erklärungskapazität mit jeder neuen Erkenntnis weiter zu sinken droht, wobei man scheinbar an die Grenzen gesellschaftlicher Toleranz stößt, will man in der öffentlichen Diskussion mit neuen Ideen Korrekturen bewirken.

Da ich zum Zeitpunkt der Veröffentlichung dieses Buches noch als Diplomand der Anthropologie beschäftigt bin, war ich während der Übersetzungsarbeit in vieler Hinsicht auf die Mithilfe anderer Menschen und Institutionen angewiesen.

Daher will ich mich auf diesem Wege für diese Hilfe bedanken, denn erst durch die Zusammenarbeit von Hrn. Dr. Ehalt und dem IGF (Interdisziplinärer gerontologischer Forschungsverein) unter der Leitung von Hrn. Ing. Gerhard Niegl ist es mir möglich geworden, die Arbeit von Prof. Dr. Sandín zu publizieren. Auch Dr. Willenpart vom Peter Lang Verlag möchte ich für seine Beratung und das wirtschaftliche Entgegenkommen danken. Genauere Informationen über den IGF Verein findet man auf den Seiten 129 und 130.

Markus Bastir

Wien, im November 1997

Danksagung

In vielen Fällen, wenn es sich um einen Text über wissenschaftliche Themen handelt, tragen die Personen, die in der Rubrik Danksagung zitiert werden, teilweise als Quelle der Berufung zur wissenschaftlichen Unterstützung des Autors bei.

In diesem Falle jedoch nicht nur teilweise sondern gänzlich. Die Durchsicht, der Enthusiasmus (in einigen Fällen), die Kritik und die Verbesserungsvorschläge jener Menschen, die ich zitieren werde, sowie die Diskrepanzen (in unterschiedlichem Ausmaß) innerhalb derselben Gruppe, waren von fundamentaler Bedeutung in der Entscheidung, dieses spezielle Büchlein zu veröffentlichen, welches anfänglich als "Artikel von nicht mehr als 20 Seiten" konzipiert war, der jedoch von selbst zu wachsen begann.

An erster Stelle möchte ich meinen aufrichtigen Dank an Carlos Sentís richten, Mann der Renaissance, der sich dennoch sein Leben als Professor der Humangenetik verdient, und zwar Dank für seine Freundschaft, für seine Begleitung bei den manchmal besonders langen und bereichernden Abendessen und den anschließenden Diskussionen und für den Beitrag der letzten Daten über "integrierte Viren", die essentiell waren für diese Arbeit. Dank auch an Miguel Angel Fernandez, dem unterbeschäftigten Chemiker, Verleger und Komplizen in den vorher beschrieben Aktivitäten.

An meine Opfer, die "Doktorandinnen" Lucia Serrano und Mercedes Salado, denn ich weiß zu gut, was es gilt, das wirre Manuskript zu entziffern und abzutippen und manchmal auch "kreativ zu übersetzen". Und rückwirkend an Ruth Fraile.

Ohne der Reihenfolge der Erwähnung irgendeine Bedeutung hinsichtlich der Wichtigkeit an der Beteiligung dieses Buches beizumessen, möchte ich auch meinen Kollegen der Universität Autónoma de Madrid und dem Consejo Superior de Investigaciones Cientificas für ihre Beiträge danken. Jeder von ihnen stellte mit seinen Kommentaren als Spezialist und als geduldiger Leser des gesamten Textes eine unschätzbare Hilfe dar. Selbstverständlich bin ich es alleine, der die gesamte Verantwortung für das Geschriebene trägt.

Vielen Dank an: Elena Escudero, Professorin der Tierphysiologie, Ildefonso Bonilla, Professor der allgemeinen Biologie, Juan Carlos Stockert, Forscher am CSIC, Alfredo Villasante, Mitarbeiter am CSIC, Juan Fernández Santaren, Professor der Molekularbiologie, Félix Martínez, Botaniker und Humanist, Maria

Antonia Rivas, Professorin der Botanik, Cristina Bernis, Vorstand der Anthropologie, José Luis Viejo, Professor für Zoologie, José Luis Sanz, Vorstand der Paläontologie und José Fernández Piqueras, Vorstand für Genetik.
Schließlich schulde ich einen ganz speziellen Dank meinen Studenten für die anregenden Diskussionen, die wir in den Vorlesungen haben, in den Gängen und (in Ausnahmefällen) in der Bar der Mensa. Aber vor allem jenen "besonders angepaßten" Studenten, denn ihr unschuldig-einfältiger Glaube an gedruckte Texte war es, der am meisten dazu beigetragen hat, meine Zweifel zu nähren.
Und natürlich Marival. Sie weiß, warum!

Präsentation

Das Buch, das Dr. Sandín präsentiert, ist vor allem ein Lobgesang an die Freiheit, an die gute Tradition wissenschaftlicher Heterodoxie bzw. Abtrünnigkeit, welche so notwendig ist in einer Welt, in der die Kritikfähigkeit gegenüber etablierten Paradigmen jeden Tag seltener zu werden scheint. Die Notwendigkeit des ständigen Zweifelns und der Argumentationsfreiheit hinsichtlich einer allgemein anerkannten These zählen zu den höchsten Zielen im Gedanken des Wissenschaftlers. Wie uns jemand, so weit entfernt von Verdächtigungen wie Claude Bernard, in seinem Werk "Introduction à l'étude de la médicine expérimental" zeigt: Die Menschen, die einen ausgeprägten Glauben in ihre Theorien oder Ideen besitzen, befinden sich nicht nur in der Situation, daß es für sie schwieriger ist, Entdeckungen zu machen, sondern dieser Glaube bewirkt außerdem noch eine eingeschränkte Beobachtungsfähigkeit; [..]..[nie sollte man] Experimente anstellen, um Ideen zu bestätigen, sondern nur, um sie zu überprüfen; Worte, die auch Karl Popper ohne Probleme unterzeichnen würde.
Das Werk Dr. Sandíns taucht in diese Problemstellung ein und hinterfragt einige Tatsachen, die eine der komplexesten biologischen Theorien wanken lassen, da sich ja alle Schlüsselideen der lebendigen Welt innerhalb dieser Theorie befinden. Es ist nicht leicht zu erklären, warum die Welt so ist wie sie ist, sowohl die Verhältnisse, welche die Interaktionen zwischen den Lebewesen steuern, als auch zwischen jenen und der Umwelt. Wie Theodosius Dobzhansky sagen würde, im Zitat bezogen auf dieses Buch "Nichts hat Sinn in der Biologie, wenn es nicht Licht auf die Evolution wirft". Offensichtlich ist das so und trotzdem, ihre Finalität, ihr teleologischer Aspekt - ohne große Worte entgegenzustellen - waren doch seit Anfang an die Streitfrage zwischen den großen Gedankenströmungen, in denen man versuchte, die Evolution zu verstehen, die indiskutable Tatsache, der darwinistischen oder lamarckistischen Haltung. Der unglückliche Fall Lyssenko schränkte nicht nur die angesehene Schule der russischen Genetik ein, sondern, was noch wichtiger war, eine Form der Annäherung an das Problem, das heute, im Lichte der neuen Entdeckungen der klassischen und molekularen Genetik, eine neue Entwicklung erfahren könnte, so wie es auch der neodarwinistischen These erging, einzig wiederentdeckt durch die offizielle Wissenschaft. Denn das ist der Schlüsselpunkt, der lobenswerte Versuch dieses Buches, eine neolamarckistische Sicht der Evolution anzubieten, die, und da

bin ich sicher, durch ihre neuartige Einstellung mehr als eine, sicherlich jedoch stets begrüßenswerte Kontroverse auslösen wird.

I. Bonilla

Prolog

Ein Werk ist wirklich kreativ, wenn es fähig ist, weitläufige und heftige Polemik rund um die neuen Ideen, die es präsentiert, zu erregen. Wie der fortschrittliche Leser anerkennen wird, ist es der innovative Charakter dieses Essays von Máximo Sandín, welcher - und gerade darin besteht seine große Bedeutung - eine konstruktive Diskussion und die Möglichkeit zu neuen Interpretationen hervorbringt. Dies ist nicht nur sehr konventionell sondern auch äußerst verdienstvoll, ist doch in der Welt der Gedanken die Erstarrung des Ideenflusses das Schlimmste, was passieren kann. Es kann sein, daß die steinerne Natur der Fossilien - die eine so große Rolle im Studium der biologischen Evolution spielen - auch mehr als nur einmal die Ursache für eine gewisse Versteinerung der Ideen in diesem Zusammenhange gewesen sein könnte. Aber die Ideen, die hier präsentiert werden, tragen zu einer höchst interessanten Hypothese bei, welche versucht, dieses Forschungsfeld von der gerade erwähnten Möglichkeit der Versteinerung zu entfernen. Neue Erklärungen zu suchen, das Überprüfen von Konzepten in einer unabhängigeren Art und Weise und schließlich das Wagen kühner Spekulationen sind die bedeutendsten Beiträge, die man hier gemeinsam mit allgemeingültigen Ideen über die biologische Evolution liefert. Aber das ist nicht alles. Das Aufzeigen der engen Verbindung zwischen Wissenschaft und Gesellschaft sowie das Beschreiben ihrer Interdependenzen und Mechanismen sind die anderen Verdienste dieses Werkes.

In diesem Sinne springt jene Rolle ins Auge, die der philosophische Kompromiß in der wissenschaftlichen Forschung spielen muß und hier zögert der Autor nicht, eine klare und definierte Haltung einzunehmen, sehr nahe jener, des "romantischen Forschers" (eine Spezies, die bedauernswerterweise in unseren Tagen beinahe ausgerottet zu sein scheint). Die Forschung hat aufgehört, ein freies Werkzeug des Gedankens zu sein. Sie ist in den tiefgründigen Netzen der Konsumgesellschaft gefangen geblieben, die dem Wesen nach eigentlich den Fortschritt bewirken soll. Diese Situation, offensichlich der Privatindustrie und den großen multinationalen Konzernen sehr nahestehend, hat nun vollends in den akademischen Kreis Einzug gehalten und die freie unabhängige Forschung, die nicht irgendwelchen Machtfaktoren unterworfen ist, in eine zweitrangige und kritische Position verwiesen, an den Rand der Ausrottung. Damit verliert die wissenschaftliche Forschung die nötige ethische und philosophische

Referenz, die ihr zukam, als sie noch als kreatives und fortschrittliches Gedankeninstrument die Gesellschaft bilden konnte.

In diesem Rahmen hat sich die Mission der Universität (und generell alle Institutionen wissenschaftlicher Forschung) stark verändert, so daß man nun eher die Anwendungen der Wissenschaften sucht, als den Wissensfortschritt der Basiswissenschaften. Und wenn sich diese weiterbewegen, so üblicherweise als Medium für weitere Entwicklung und Rentabilisierung zukünftiger Anwendungen zum Wohle der Konsumgesellschaft. Was in Anbetracht der hohen Forschungskosten notwendig scheint, sollte nicht als Legitimation einer Situation gelten, in der der einzige Antrieb die Rentabilität und Konkurrenzfähigkeit des wichtigsten Ressorts ist.

De facto sind derartige Ansprüche keine feinen Meinungsströmungen mehr. Vielmehr sind sie schon unverschämt stark in die Gemeinschaft integriert. Die hohen Kosten, die Wettbewerbsfähigkeit und der Rentabilitätsanspruch in gewissen fortgeschrittenen Forschungsgebieten haben zur Prophezeiung geführt, daß die Forschung jedes Mal mehr von der Privatindustrie abhängen wird und deren Resultate immer weniger in der wissenschaftlichen Literatur veröffentlicht werden (G. F. Joyce, "in vitro evolution of nucleic acids", Current Opinion in Structural Biology 4, 1994, p.331). Dieses Beispiel demonstriert ganz klar die sozioökonomische Abhängigkeit der Forschung von den Interessen der Konsumgesellschaft. Diese Situation zeigt der Autor wiederholt und überzeugend auf.

Glücklicherweise gibt es noch immer viele Probleme, die man hoffentlich in akademischem Rahmen zu klären hat, obwohl auch hier schon die Vorurteile und der Druck von Faktoren wie Kultur und Macht zu bemerken sind. Eine dieser wichtigen Fragestellungen ist das Hauptziel des vorliegenden Buches. Man muß hier mit dem Autor in manchen Unklarheiten der biologischen Evolution, die sich nicht durch die gegenwärtige, verschlossene neodarwinistische Perspektive erklären lassen, übereinstimmen. Es ist dies der genetische Polymorphismus, die sympatrische Artenbildung, das abrupte Auftauchen von Veränderungen in fossilen Lagerstätten, die Neuanordnung von Chromosomen, etc..., Fragestellungen also, die scheinbar noch immer nicht zufriedenstellend in das orthodoxe Verständnis der Evolution integriert sind. Dasselbe läßt sich von der außerordentlichen biochemischen Komplexität der meisten biologischen Prozesse behaupten, z. B. von den Regulationsphänomenen in der Genexpression, der Zelldifferenzierung oder der Embryonalentwicklung.

Den Ursprung und die Evolution all dieser Vorgänge auf eine kohärente und eindeutige Art zu erklären, die zu einer einheitlichen und erweiterten biologischen Evolutionstheorie führen soll, ist kein leichtes Unterfangen. Jedenfalls konnte es Máximo Sandín nicht unterlassen, mit neuen Erklärungsansätzen zu dieser so notwendigen Aufgabenstellung beizutragen. Wenn auch - meiner

Meinung nach - ein etwas teleologisch, so stellt vor allem der genetische Schwerpunkt durch seinen aufregenden Charakter ein wesentliches Verdienst dieses Werkes dar. Offensichtlich löst sich alles auf dem Gebiete der biologischen Evolution aus dem Ursprung des Lebens heraus. Wie ist das Leben entstanden und welches waren die Gründe dafür, daß es gerade diese biochemischen Formen angenommen hat? Das sind die Fragen, die sich erst am Beginn einer Beantwortung befinden. Sei es wie es sei, hinsichtlich jeder Frage der biologischen Evolution ist dieses Thema von fundamentaler Bedeutung. Wenn auch viele chemische Erklärungen noch etwas spekulativen Charakter haben, so ist es dennoch gewiß, daß es heutzutage ein tieferes Verständnis der physikalischen Chemie gibt als zu Darwins und Weismanns Zeiten und es bleibt zu hoffen, daß gerade diese Tatsache uns zu einer besseren Einsicht in den Ursprung des Lebens verhelfen kann.

Ein zentrales Argument des Autors ist die Notwendigkeit großer Veränderungen in der Organisation des Genoms, die in Populationen simultan erscheinen mußten, um deren Fortbestehen zu ermöglichen. Derartige Veränderungen ließen sich durch genetische Vorgänge "infektiöser" Art erklären. So schlägt er die Integration viraler Gene ins Erbgut als wichtiges Element der biologischen Evolution vor. Dieser Aspekt ist sicherlich interessant, da er mit der Existenz sogenannter "erworbener" Gene übereinstimmt und er verbindet in diesem Sinne die Vererbung erworbener Eigenschaften mit der lamarckistischen Auffassung der Evolution.

Auf jeden Fall muß man den unvermeidlichen Einfluß berücksichtigen, den die Natur des menschlichen Denkens selbst bewirkt. Es handelt sich um eine teleologische Erklärung (dem lamarckistischen Gedanken ebenfalls sehr verwandt), wenn man sagt, daß das genetische Material, das auf diese Weise erworben wurde, genau jenes wäre, welches die notwendigen Anpassungen an die Veränderungen der Umweltbedingungen ermöglicht hätte. Oder es deutet gefährlich die Intervention intelligenter Absichten an, weit entfernt vom evolutiven Vorgang. In diesem Zusammenhang läßt sich passend bemerken, daß innerhalb der gesamten menschlichen Geschichte der "übernatürliche" Faktor stets ein Ort der Zuflucht war, wenn es um die Erklärung von Phänomenen ging, die sich als einmalig und unwiederholbar darstellten (wie eben beispielsweise der Ursprung des Universums und das Leben des Menschen). Angesichts der außerordentlichen Komplexität und der entfernten Vergangenheit ist es eben nicht verwunderlich, daß man dazu tendiert, derartig faszinierende Phänomene als von übernatürlicher Herkunft zu betrachten.

Aber dieses Werk versucht nicht, den Ursprung und die Evolution des Lebens am Rande der wissenschaftlichen Forschung zu erklären, im Gegenteil, der Autor besteht darauf, daß es nötig ist, eine gewisse "kulturelle" Distanz zu pflegen, um die Tatsachen exakt zu erkennen und zu interpretieren. Offensichtlich impliziert diese Objektivitätsübung sowohl eine Entfernung vom sozioökonomischen Druck, von kulturellen Vorurteilen sowie vom religiösen Glauben. Abgesehen davon bin ich der Meinung, daß die letzte und unerbittliche Einschränkung durch den Anthropozentrismus im engeren Sinne erfolgt, gegeben dadurch, daß unsere geistige Aktivität und unsere Denkart in der Form konfiguriert sind, daß sie eben der typisch "menschlichen" Art und 'Weise entsprechen. Daher ist aus immanenten Gründen jegliche menschliche Realitätsinterpretation von anthropozentrischem Charakter, und es kann gar nicht anders sein.

All das vorher Erwähnte ist ebenfalls stark mit der gegenwärtigen allgemeingültigen biologischen Fachsprache verbunden, so etwa Begriffe wie Komplexität, Zufall, Determination, Tendenz, etc.. In diesem Sinne ist die Beschreibung des Lebens als richtungsloses Zufallsereignis eine für das menschliche Denken wenig attraktive Beschreibung und zwar ist der Mensch, wegen seiner besonderen Eigenschaft zu vergleichen, zu verbinden und Werturteile zu formulieren stark dazu geneigt, einen Sinn in den Phänomenen und Antworten auf das "Warum" und "Wozu" der Dinge zu suchen.

Wenn die Tendenz systemimmanent ist, so könnte es scheinen, daß dieselbe nicht existiert und so die Vorgänge durch den Zufall regiert würden. Ein zusätzliches Problem ist, daß der aktuelle Sinn der Worte uns selten zu einem tieferen Verständnis der Phänomene verhilft. So zum Beispiel auf dem Gebiete chemischer Reaktionen, wo wir uns vorstellen, daß die Moleküle A und B gemeinsam das Produkt C ergeben. Die zufällige Kollision findet unter Millionen von Molekülen statt und hängt von der thermischen Energie ab, aber so wie die erfolgreichen Interaktionen das Produkt C verursachen, hat das Resultat am Ende eine determinierte Richtung und die Bildung dessen ist nicht zufällig.

Das Leben auf diese Weise als Resultat zufälliger chemischer Reaktionen zu betrachten, würde aber nur einen kleinen Ausschnitt der Fragestellung repräsentieren. Ein Beobachter, der von einem Turm aus die Bewegung der Leute im Zentrum einer großen Stadt analysieren würde, könnte ebenfalls schließen, daß sie vom Zufall regiert würde: Eine große Menge von Personen wandert offensichtlich auf zufälligen Wegen, aber - obwohl unbekannt für den Beobachter - jeder einzelne hat seinen genauen Grund, welcher individuell dessen Fortbewegung erklärt. So scheint nun in seiner Gesamtheit und wenn man die einzelnen besonderen Absichten ignoriert, das vielfältige System richtungslos. Eine derartige Betrachtung ließe sich nun auch im Falle der biologischen Evolution anstellen, vom Zufall regiert und ohne offensichtliche Ausrichtung.

Wie aber der Autor beobachtet, so verläuft das menschliche Denken in der biologischen Evolution in Richtung einer Komplexität, die sich eher deterministischen als zufälligen Phänomenen zuordnet. Im unvermeidlichen anthropozentrischen Rahmen, in dem man interpretiert, ist die Richtung mit der Finalität identifiziert, die also eine Absicht erfordert. Wenn diese Tendenz dem Vorgang als solchem innewohnt (sei es nun die Evolution oder irgendetwas anderes), so würde es sich nicht um eine Finalität im menschlichen Sinne handeln sondern um Finalität in sich selbst und logischerweise unabhängig vom Ziele, das der Beobachter ihr zuordnen möchte. Diese innere Tendenz leitet sich vom Zweiten Hauptsatz der Wärmelehre ab und wenn er sich innerhalb der Zeit und innerhalb der chemischen und geologischen Veränderungen manifestiert, bliebe er in den evolutiven Prozessen widergespiegelt, was ihnen einen Richtungssinn verleihen würde.

Ab einer gewissen Organisationshöhe können Modifikationen der Regulation der Genexpression auf die biologischen Resultate zurückwirken. Im Einverständnis mit dem Autor verbindet sich diese Möglichkeit mit den Prozessen der Makroevolution. In diesem Sinne ist es interessant, eine gewisse Parallelität mit dem Auftauchen und Propagieren innovativer Ideen in der menschlichen Geschichte zu zeigen, in der der Buchdruck, die industrielle Revolution, die Telekommunikation und die Mikroelektronik Einzug gehalten haben, sukzessiv und rasch, fast alle Aspekte eines großen Teiles der Gesellschaft.

Würde nicht eine Ähnlichkeit zwischen dieser manifestierten technologischen Explosion in den letzten wenigen Jahrhunderten und der der biologischen Evolution im Kambrium festzustellen sein? Stellen wir uns vor, daß ein zukünftiger Beobachter versuchen würde, unsere Geschichte der Telekommunikation ab jenen fossilen Lagerstätten, die wir gerade hinterlassen, zu rekonstruieren: Nur in unserem Jahrhundert würde er die entsprechenden Elemente finden, Halbleiter, Kabel, Antennen, Transistoren, Printplatten, etc.. Er würde spekulieren, daß das plötzliche Auftauchen dieser Technologie (die einen sehr kurzen Zeitraum der menschlichen Geschichte umfaßt) ein Resultat eines wissenschaftlichen Beitrages irgendeines Erfinders, fremd unserer Zivilisation, wäre. Der Irrtum würde aufscheinen, weil er weder evolutive noch die Antriebe notwendiger und konkreter Möglichkeiten für diese Entwicklung bedacht hat, welche in einem bestimmten historischen Moment stattgefunden haben.

In diesem Zusammenhang scheint hier die Hypothese eines außerirdischen Lebensursprunges (eine Antwort auf das "Wo") nicht als zentrale Fragestellung, um die biologische Fragestellung besser zu erklären. Der Ursprung des Lebens, als Produkt chemischer Reaktionen auf der Erde, ist keine so verwerfenswerte Idee, wenn man das Spontane und den Zufall ausschaltet, Begriffe, die das Einzigartige, das Mysteriöse des Phänomens unterstützen. Im Gegenteil, es scheint heute klar, daß unter den gegebenen Bedingungen viele (wenn nicht alle) Reaktionen notwendigerweise stattgefunden haben. Die Chemie der entsprechenden Elemente (Kohlenstoff, Stickstoff, Sauerstoff) gestattet dies nicht nur, sondern fordert es geradezu. Diese interne Notwendigkeit entspräche der Finalität (als Gegensatz zum richtungslosen Zufall).

Auf diese Weise und im Einklang mit dem Autor wäre das Leben ein dem Universum inhärentes Phänomen, ein unvermeidlicher evolutiver Schritt entlang der Organisation der Materie. Die Notwendigkeit, daß das Leben abseits der Erde existierte, bedeutet nicht gleichermaßen zuzustimmen, daß seine strukturelle Basis und Funktion (Biomoleküle, Lebensformen) einzigartig und genau die selben wären. Genausowenig verlangt es, den besonderen Lebenstyp dieses Planeten basierend auf einer konkreten Biochemie (DNA, RNA, Proteine) zu verallgemeinern wie auch andere Möglichkeiten auszuschließen. Wenn das Leben der universalen Evolution innewohnt, ist der beste Beweis dieser Notwendigkeit genau sein isoliertes Auftauchen und seine isolierte Entwicklung, was die räumliche Unabhängigkeit seiner Existenz bedeutet. Die Hypothese jedoch des außerirdischen, mikroorganismischen Genbeitrages an irdische Lebewesen verlangt identische chemische Prozesse in beiden genetischen Systemen. Abgesehen davon, daß der sogenannte universelle genetische Code (eine andere anthropozentrische Generalisierung, diesmal im negativen Sinne) wirklich der einzige und allem Universum gemeinsame wäre, müßte man tatsächlich zustimmen, daß Mikroorganismen - im Sinne von Boten - die Überträger geeigneter genetischer Information wären, die, einmal integriert, ihren Wirten bei den Prozessen der Anpassung und Artenbildung genau unter diesen Bedingungen, unter denen sie sich vollziehen, dienlich wäre.
Lassen wir diesen sehr speziellen und etwas phantasievollen Typ der genetischen Kolonisation beiseite, so sind die Ideen der infektiösen "Transgenosis" als Mechanismus zum raschen und simultanen Erwerb neuer genetischer Information offensichtlich hochinteressant. Sowohl in Prokaryoten als auch in Eukaryoten würde eine Reihe mobiler genetischer Elemente (Phagen, Viren, Retroviren, Plasmide, etc.. mit Möglichkeiten zu Integration in das Genom anderer Organismen) Veränderungern mutativer Art in der genetischen Information gestatten, welche vermutlich sowohl vertikal als auch horizontal übertragen werden können. Diese Möglichkeit würde eine schnelle und effiziente Form der Vergrößerung der Variabilität begründen. Sie würde erklären, wie neue Eigenschaften abrupt auftauchen und wie bessere Adaptation erreicht würden. Bestimmte Viren und ähnliche Elemente, die als Gentransporter oder irdische Boten genetischer Informationen fungieren, könnten eine sehr wichtige Nebenfunktion in evolutiven Vorgängen haben.
Wie bereits am Anfang erwähnt wurde, ist ein wichtiger Punkt dieser Arbeit das erfolgreiche Aufzeigen der kulturellen und sozioökonomischen Abhängigkeit der wissenschaftlichen Forschung, welcher sich auch die Erforschung der biologischen Evolution nicht entziehen kann. Wenn auch ein so basales Thema wie der Ursprung und die Evolution des Lebens gewöhnlicherweise eher von akademischem und theoretischem Interesse ist (und daher ohne allzu hohe Relevanz für die aktuelle Produktions- und Konsumgesellschaft), so sind sowohl

ihre Prämissen, sowie ihre Interpretationen den Vorurteilen und kulturellen Zwängen jener Gesellschaft unterworfen, ebenso wie auch dem Einfluß der sozioökonomischen Macht. Man kann nicht leugnen, daß viele vorherige und parallele Ideen - jede entsprechend ihrer Zeit - sich mit Darwin und Weismann in das Gebiet der Biologie und Evolution integriert haben (Wallace, Malthus, Spencer). Aber jetzt scheint die neodarwinistische Auffassung der Evolution gegenüber dem bemerkenswerten Fortschritt in der Biochemie und der Molekulargenetik etwas entfernt zu bleiben. Dieser kontinuierliche Beitrag neuer Kenntnisse ist wichtig aber nicht ausreichend, um die Gesamtheit der biologischen Evolution zu begreifen. Um es mit den Worten des Autors zu sagen: Es ist einfacher, die Kenntnisse zu erweitern als die Art und Weise ihrer Analyse zu verändern. Man kann dem hinzufügen, daß es noch schwieriger ist, sie ins System einzubauen als sie zu vervollständigen, zu verändern, oder gar frühere und festgesetzte Interpretationen zu ersetzen.
Ich denke, daß uns Máximo Sandín mit seiner Arbeit einlädt, etablierte Einstellungen zu revidieren und viele Schlußfolgerungen von vorgefaßten Ideen zu befreien. Dieser Essay zeigt Beispiele und Vorschläge zu verschiedenen Evolutionsaspekten, die uns dazu anhalten, eine neue Haltung einzunehmen, nicht nur zu einigen Hypothesen im Besonderen sondern zur Forschung im Allgemeinen und vor allem im Bezug auf das Verhältnis dieser zur Wissenschaftsphilosophie, die leider so vergessen wie notwendig ist, um die Forschung in einem möglichst freien und befreienden Kontext mit dem menschlichen Denken zu begreifen und aufrechtzuerhalten.

Juan Carlos Stockert, Cantoblanco, Juni 1995,

1 Die Tendenzen in der Naturwissenschaft

Die Evolutionstheorie ist vor allem ein Versuch seitens des Menschen, seine Stellung in der Natur - und damit seinen Sinn - zu erklären.
Dies ist ja auch das Ziel aller Wissenszweige, die sich als auf der Suche nach der Erkenntnis verstehen. Wenn der Astronom das Weltall beobachtet, dann ist das, was er in Wirklichkeit sucht, sein eigener Platz in der Immensität. Dasselbe Ziel hat der Philosoph, der Chemiker, der Physiker. Der große Erwin Schrödinger schrieb: "Wer sind wir?" Die Antwort auf diese Frage ist nicht nur die Aufgabe der Wissenschaft, sondern seine eigene". Und mit aller Wahrscheinlichkeit ist das die große Frage gewesen, seit der Mensch Mensch ist und Sicherheit darüber gewann, daß ihn etwas Fundamentales von den anderen Lebewesen unterscheidet: das Selbstbewußtsein.
Die Notwendigkeit einer Antwort hat sich in allen Kulturen in Form der Mythen, Legenden und Religionen als Erklärung der Welt und vor allem auch des Ursprungs der Welt gezeigt. Aber man hat diese Erklärungen immer mit einer Wahrnehmung erarbeitet, die jeweils der entsprechenden Kultur eigen war und mit einer unleugbaren Beziehung zu den Randbedingungen, innerhalb derer sie sich entwickelt haben, sei das im Bezug auf die Lebensart (Jäger-Sammler, bäuerliche oder städtische Gemeinschaften) oder im Bezug auf deren physischen Lebensraum (Trockengebiete, Polarkreis, Tropen). Das alles sind Charakteristika, die sich in der moralischen Botschaft widerspiegeln, welche unvermeidlich ihre Angehörigen begleitet.
Unsere Wissenschaft (die aktuelle Form der "Antwort" auf die "Frage") hat sich über einer Kultur aufgebaut, die glaubte, das Universum habe sich für uns gebildet und daß wir das Zentrum seien. Und trotz der rationalistischen Revolution des 19. Jhdts., die dem Universum seine Mysterien raubte und es in eine unpersönliche Maschine umwandelte, erzeugten unsere Kenntnisse, erworben durch die unfehlbare wissenschaftliche Methode der Beobachtung und Induktion, nicht nur diese Denkschemata sondern bestärkten sie: Wir sind der Kulminationspunkt der Natur als das Resultat der biologischen Evolution. Diese Idee des Menschen über dem Rest der Lebewesen ist praktisch allen Kulturen gemein und, in Abstufung, von mehr oder weniger großer Bedeutung. Die moralische Botschaft dieser Erklärung jedenfalls variiert je nach dem Weg, den der Mensch wählt, bis zum Exzess.

Jean Babtiste Lamarck (1744-1829) war der erste, der eine vollständige Theorie über die Evolution der Arten ausgearbeitet hatte. Für ihn war diese Evolution, die den Menschen mit den übrigen vorher existenten Lebewesen verbindet, mit einem Ziel versehen, zu zeigen, daß die Organismen in ihren progressiven Veränderungen Tendenzen in Richtung höherer Komplexität aufweisen. Diese münden ins Reich der höheren Organismen und führen schließlich - als Kulmination dieses Prozesses - zum Menschen. Für Lamarck resultierten diese Prozesse aus einer "Kraft" der Tiere, mittels derer sie sich ihrem Milieu anpaßten, wodurch ausgedrückt wird, daß die Umweltbedingungen die Evolution antrieben.

Leider war das soziale Umfeld, welches Lamarck umgab, nicht dafür geeignet, daß diese Theorie einen großen Anklang gefunden hätte. Am Anfang des 19. Jhdts. waren die Naturwissenschaften in Frankreich von George Cuvier angeführt, der seine Kataklysmentheorie über die Zerstörung und anschließende Neubildung als Erklärung der Veränderungen in der beobachteten fossilen Fauna auf enormes und gewissenhaft ausgearbeitetes Datenmaterial stützte. Lamarck, gealtert und einsam, wurde von einem jungen und brillianten Cuvier, Vorstand der Naturgeschichte, der vergleichenden Anatomie und Sekretär der Akademie der Wissenschaften von Paris, wissenschaftlich vernichtet.

Der große Vorteil Darwins, dem man die Vaterschaft über die Geschichte der Evolutionstheorie zuerkennt, war zweifellos die begünstigende Prädisposition der angelsächsischen Gesellschaft, die -nach dem Schrecken über unsere Verwandtschaft mit den Affen- sich sowohl durch den Mechanismus die Evolution erklärte als auch durch den philosophischen Inhalt seines Werkes sehr angetan war. Sowohl A. R. Wallace (der ebenfalls Darwin mit seiner Ausarbeitung einer evolutiven Theorie zuvorkam) als auch Darwin selbst hatten als Zentralidee ihrer Arbeiten die ökonomische Auffassung der Wettbewerbsfähigkeit von Malthus übernommen. Selbst der Ausdruck "Überleben des am besten Angepaßten" stammt von dem Philosophen Herbert Spencer. All das geschah in einer Zeit maximaler Kolonialausbreitung Europas, man kreierte zur selben Zeit die "wissenschaftliche" Rechtfertigung dieser Situation und deren moralisches Alibi, das leicht von dieser Gesellschaft akzeptiert werden konnte.

Diese Erklärung ist natürlich nicht die einzige. Vom wissenschaftlichen Standpunkt aus ist das Konzept der Natürlichen Selektion ein sehr solides -sowohl durch die Möglichkeit experimenteller Verifikation als auch durch sein Erklärungspotential-, aber immer befindet es sich in einem bestimmten sozialen Kontext; das bedeutet, daß eine Idee leichter akzeptiert wird, wenn sie sich in einem kulturell vorbereiteten Klima befindet.

Ein paradigmatisches Beispiel dieses Phänomens lieferte in den 40er Jahren der sowjetische Genetiker Lyssenko, der, konditioniert durch die Ideologie des menschlichen Potentials, die Welt zu verändern, durch das schwächste Konzept

der lamarckistischen Theorie verblendet war: der genetischen Übertragung erworbener Eigenschaften (wie auch Darwin), was ihn zu einem geräuschvollem (und gefeiertem) Untergang führte und außerdem die lamarckistische Idee für die orthodoxe Wissenschaft einem Todesurteil zuführte. Aber die empirische Zerstörung der lamarckistischen Idee genetischer Weitergabe fand schon sehr früh statt. Am Ende des 19. Jhdts. demonstrierte der deutsche Biologe A. Weismann, Begründer der Neodarwinistischen Theorie, die Widerlegung der Vererbung erworbener Eigenschaften, (sehr auf Kosten vieler Generationen von Ratten, denen er fortlaufend die Schwänze abschnitt, um zu zeigen, daß deren Nachkommen erneut mit solchen das Licht der Welt erblickten.)
Man kann jedoch auch die darwinistische Problemstellung in bezug auf kulturelle Werte und Ideologien analysieren. Der wesentlichste Auffassungsunterschied, und mit größter ideologischer (oder philosophischer) Bedeutung, ist die Opposition zwischen der lamarckistischen Idee einer Finalität in der Evolution gegenüber der zufälligen Veränderung ohne Sinn und ohne Richtung, entsprechend dem neodarwinistischen Paradigma, welches die aktuelle Biologie dominiert. Dieser "Glaube", der sich hinter der Einstellung einer falschen Bescheidenheit verbirgt, die dem Menschen einen zufälligen und nicht notwendigerweise besseren Sinn zuweist als irgendeinem anderen Organismus, verbirgt in Wirklichkeit einen erbitterten Hochmut. Demzufolge ist das Universum eine Maschine, die wir erkennen und handhaben können. Dadurch wird aus der Wissenschaft eine allmächtige Entität, ein neuer, moderner Mythos, der früher oder später erlauben wird, alles zu erkennen und zu manipulieren, einschließlich des Lebens selbst.
Wenn es nämlich keine Finalität gibt, so existiert weder ein ethischer noch ein moralischer Inhalt auf der Suche nach Erkenntnis. Dies führt zu einer "zynischen" Einstellung vieler "aseptischer" Wissenschaftler, für die der Fortschritt der Erkenntnisse eine objektive Suche ist, bar jeglicher philosophischen Werte. ("Einfach alles anwenden, was man anwenden kann.") Aber obwohl es jene selbst nicht glauben oder nicht glauben wollen, hat deren Einstellung sehr wohl einen Inhalt und einen philosophischen Vorläufer: "die Suche nach Erkenntnis um jeden Preis" von Nietzsche. Es erscheint nicht notwendig daran zu erinnern, was der Preis der praktischen Anwendung dieses Grundsatzes war.
Gewiß haben unterschiedliche wissenschaftliche Perspektiven oder Theorien nicht nur unterschiedliche Werte, sondern sie hängen - wie schon J. Monod in "Zufall und Notwendigkeit" beschrieb - auch von unterschiedlichen Werten ab. In gewissen Fällen, (wie etwa bei mir), führen sie zu einem Schluß, der für eine "aseptische" wissenschaftliche Geisteshaltung vielleicht schwer zu akzeptieren ist. Ein Schluß aber, der für Angehörige anderer Disziplinen - ausgenommen empirischer - möglicherweise eher zu erfassen ist: Es gibt wissenschaftliche Konzepte, die man nicht annehmen kann obwohl sie zunächst gesichert

erscheinen. Der Versuch, wissenschaftliche oder philosophische Grundsätze von moralischen oder sozialen Grundsätzen zu trennen, wird mißlingen, denn eine determinierte Wissenschaft ist das Resultat einer bestimmten Gesellschaft. Wenn diese Gesellschaft überzeugt ist, daß die Konkurrenz eine Quelle sozialen Fortschritts ist, so wird sie eher glauben, daß dieser Wettkampf die evolutiven Veränderungen erzeugt.

Manchmal bringt der Unterschied zwischen den Meinungen mehr Klarheit. Die Ablehnung des Darwinismus und die Unterstützung des Lamarckismus durch Denker wie den Physiker Arthur Koestler, den Psychologen Jean Piaget, den Schriftsteller George Bernard Shaw oder den Philosophen Henri Bergson hängt sehr wahrscheinlich eher von der philosophischen Richtung und der Moral ab - gegründet auf Werten, die sich in diesen Theorien finden (Konkurrenz gegenüber Koexistenz) - als von deren Kenntnissen in Genetik.

Aber auch angesehene Biologen wie Waddington oder M. F. Burnet ergriffen von einem strikt wissenschaftlichen Standpunkt Partei für die lamarckistische Evolutionstheorie. Gegenwärtig scheint sich unter einigen Biologen die Ansicht zu entwickeln, daß es möglicherweise nicht nur eine Tendenz der Evolution in Richtung Komplexität gibt - und daß diese zum Teil eine Antwort auf Umweltreize ist - sondern, daß die genetische Weitergabe erworbener Eigenschaften viel eher wahrscheinlich ist.

Allein schon das in Fragestellen (gar nicht das Ersetzen) des Paradigmas, welches sagt, daß das Leben ein richtungsloses und zufälliges Phänomen ist und die Evolution ein Resultat der Konkurrenz, findet jedoch schon einen erbitterten Widerstand, da wissenschaftlich orthodoxe Schemata destabilisiert werden, welche in Wirklichkeit Konsequenzen herrschender ökonomischer und sozialer Normen sind.

Ein Beispiel: Das sozioökonomische Modell, das unsere gesamte Erde dominiert, führt, wie wir wissen, unvermeidbar in die Katastrophe, da angesichts der extremen Konkurrenz in einem konsistenten System jeder Sieg zu einem Phyrrussieg entarten muß. So erscheint es einem gar nicht eigenartig, daß man in Industrieländern Summen, die dem jährlichen Staatshaushalt eines Landes der Dritten Welt entsprechen, in die Erforschung einer Erbkrankheit steckt, die gelegentlich einen von 2000 Menschen in mehr als 65 Jahren befällt.

Das ist so, weil man in Wahrheit nicht nach der Erkenntnis sucht sondern weil die Kenntnisse innerhalb eines kompetitiven Systems ökonomisch rentabel sind oder zu Macht führen (über das Leben, über den Geist) für diejenigen, die das erzielen. (Man beobachte die Leistungen, die in diesem Aspekt gerade in die Erforschung des im weitesten Sinne manipulierten menschlichen Genoms erbracht werden). Deshalb vermeidet man moralische oder ethische Betrachtungen bzw. Bewertungen in der Wissenschaft. Sie begnügt sich damit, wie man biologische Prozesse manipulieren oder wie man physikalische oder chemische

Mechanismen erkennen kann, d.h. die Wissenschaft hat sich in eine Technologie verwandelt.
Innerhalb dieser Entwicklung haben die Wissenschaftler einen Großteil ihrer Kapazität, ihre Ideen in einer persönlichen, kreativen und freien Form auszudrücken, verloren. Den Wert ihrer Beiträge beurteilt man in Abhängigkeit ihrer Rentabilität und man prämiert oder sanktioniert durch Akzeptanz oder Ablehnung, nicht nur mittels der Verbreitung ihrer Resultate (bewertet durch deren Beeinflussungsgrad) sondern durch die Unterstützung der Forschung seitens mächtiger privater Finanzierungsagenturen, pharmazeutischer oder militärischer Organisationen.
Dies hat dazu geführt, daß bestimmte Wissenschaftler ins kommerzielle Spiel eingetreten sind, manchmal bis zu einem beschämenden Ausmaß (wenn es sich um Themen handelt, die mit Gesundheit oder Überleben im Zusammenhange stehen), dargestellt mit der Aura des humanitären Wohltäters. Aber von einem eher allgemeinen Aspekt betrachtet hat diese Mentalität aus der wissenschaftlichen Arbeit -einst kreativ und unabhängig-, ein Dienstverhältnis von Angestellten auf der Suche nach günstigen Arbeitsbedingungen, einem sicheren Gehalt und sozialer Anerkennung gemacht.
Aber das ist noch nicht alles: Um "Entgleisungen" zu vermeiden, stellt die Revision durch eingeweihte Kollegen im Spiel des Privilegienaustausches sicher, daß sich die Verbreitung der Arbeit auf jene beschränkt, die sich innerhalb des Rahmens der orthodoxen und konventionellen Kriterien befinden.
In diesem Sinne ist es nicht befremdlich, daß sich die wissenschaftliche Ausbildung von Spezialisten, die in möglichst geringem Grade durch philosophische oder humanistische Konzepte kontaminiert sind - Disziplinen, zu denen man scheinbar offensichtlich einen oppositionellen Standpunkt bezieht -, darauf beschränkt, daß man vorgibt, die Gesellschaft entsprechend ihrer (ökonomischen) Notwendigkeiten und Kriterien formen zu müssen. Konkret könnte das auf dem Gebiet der Biologie für denjenigen überraschend sein, der sich der Degradierung dieser Disziplin in ihrem Wesen als Naturwissenschaft, des Fehlens des Interesses - und damit auch der Unterstützung - für den Unterricht evolutiver Konzepte in den verschiedenen Zweigen dieser Disziplin nicht bewußt ist. In gewisser Weise ist es aber verständlich, und zwar im Zusammenhang damit, daß sich die theoretische Funktion der Universität aus der Quelle konstruktiver und kreativer Impulse des gesellschaftlichen Fortschrittes in eine Fabrik rentabler Angestellten verwandelt hat. Ihre Mission ist nicht mehr der Fortschritt der Gesellschaft auf der Suche nach Erkenntnis, weshalb auch die Weiterentwicklung in den sogenannten "Basiswissenschaften" uninteressant geworden ist, sondern die neue Zielsetzung ist lediglich der Fortschritt in den angewandten Wissenschaften.

Und wie auch schon der Name "Basiswissenschaften" andeutet, sind sie es, die allen anderen den Sinn oder das Fundament verleihen. Der große Genetiker Th. Dobzhansky bestärkt das: "Nichts hat Sinn in der Biologie, wenn es nicht Licht auf die Evolution wirft", und man könnte es mit der folgenden Maxime ergänzen: *Nichts hat Sinn in der Evolution, wenn es nicht Licht auf den Ursprung wirft.*
Die Suche nach dem Ursprung des Lebens auf der Erde ist die Kernfrage dieses Textes, denn von dieser Antwort hängt nicht nur das Erfassen der biologischen Evolution ab sondern auch die Hoffnung und das Schicksal des Menschen (wenn wir ein Zufallsphänomen sind, so gibt es auch nichts zu hoffen). Nur muß man diese Suche mit dem wahrhaftigen Willen nach Erkenntnis unternehmen - nicht nach dem Dominat und nicht als Befürworter einer Idee des Lebens und der Welt als eine reparierbare und kontrollierbare Maschine (denn unsere Kapazität, diese Welt zu kontrollieren ist, wie man aus der Situation unseres Planeten entnehmen kann, zumindest in der Gegenwart äußerst fraglich). Deshalb ist in der aktuellen Wissenschaft ein Orientierungswechsel notwendig, der notwendigerweise auch die ökonomischen und sozialen Fundamente, welche die Wissenschaft prägen, miteinschließt.
Definitiv muß man sich diesem Ziele mit einer offenen und - hinsichtlich des Mysteriums - freien Einstellung nähern. Vielleicht ist das die einzige Möglichkeit, zur Erkenntnis zu gelangen; aber auf jeden Fall ist es ein Weg, unseren Platz und unseren Sinn zu finden.

2 Der Untergang der Synthetischen Theorie

Die Evolutionstheorie scheint sich in einer Sackgasse zu befinden. In dem Maße, in dem man neue Entdeckungen produziert, erscheinen mehr Mysterien, Lücken und Ausnahmen, welche die fundamentalen Grundlagen der Synthetischen Theorie, der neodarwinistischen Orientierung - im Moment vom Großteil der wissenschaftlichen Gemeinschaft anerkannt - ins Schwanken geraten lassen.
Die Evolution durch die natürliche Selektion, die so augenscheinlich schien, als man die genetischen Mechanismen der biologischen Variation noch nicht kannte und noch augenscheinlicher, als man diese Mechanismen nur sehr spärlich zu erkennen begann, zeigt sich nun geschwächt, angesichts der neueren Entdekkungen der modernen Genetik. Die komplexen Interaktionen zwischen Genen als vernetzte Systeme, die Stabilität bestimmter komplexer Prozesse als geschlossene Systeme, genetische Polymorphismen, mobile Gene oder Transposons, der Informationsaustausch zwischen Gengruppen, die Regulatorproteine der Genexpression, etc. machen das grundlegende Axiom der Synthetischen Theorie, nach welcher "die Evolution der Arten eine graduelle Veränderung ist, die durch das Erscheinen von kleinen zufälligen Mutationen, kanalisiert durch die Natürliche Selektion, bewirkt wird" immer unwahrscheinlicher. Darüber hinaus ist es noch schwieriger, diese Aussagen auf die Makroevolution zu extrapolieren (die großen Organisationsveränderungen, die sich im Laufe der Geschichte der Lebewesen, der Phylogenese, vollzogen haben), sodaß man sie entsprechend der "Anhäufung dieser kleinen Veränderungen" erklären könnte.
Denn diese Tatsachen verhalten sich starrköpfig. Die extreme Komplexität der Genexpressionsmechanismen, die Unterschiede in der Organisation phylogenetisch naher (aber verschiedener) Gruppen und die Diskontinuitäten in den fossilen Schichten widerstehen der Begründung durch diese beiden Postulate. Außerdem hat die Feststellung dieser Tatsachen dazu geführt, daß verschiedene evolutive "Zusatzmodelle" ausgearbeitet wurden, die manchmal auf Annahmen beruhten, die der beobachtbaren Realität nur sehr wenig entsprechen; dies in dem Versuch, die bestehenden Daten dem von unserer Kultur so geliebten Konzept der Natürlichen Selektion (als treibende Kraft der Veränderungen und der Evolution) einzubauen.
Der Ursprung dieser eigentlich so "unwissenschaftlichen" Einstellung liegt in den konzeptuellen Barrieren, die das dominante Paradigma (eine bestimmte

Form, die Welt aufzufassen und zu erfahren) dem wissenschaftlichen Gedanken aufsetzt. Wissenschaftler übernehmen -mehr oder weniger bewußt- nahezu zwangsläufig bestimmte Vorurteile, die in kulturellem Kontext stehen - die Rationalisten des 19. Jhdts. waren zweifellos intellektuell sehr fruchtbringend - der sehr stark die wissenschaftliche Sicht der Welt bedingt. Daraus entwickelt sich ein schier unbegrenztes Vertrauen in einige begrenzte wissenschaftliche Kenntnisse und in die Methode. Deshalb scheint es auch viel einfacher, die Erkenntnisse zu erweitern als die Art der Analyse zu verändern.

2.1 Das Dilemma der Populationsgenetik

Eines der deutlichsten Anwendungsbeispiele des rationalistischen Paradigmas auf die Natur und deren Auffassung als mechanisches, erfaßbares System, war die Begründung der Populationsgenetik am Anfang unseres Jahrhunderts. Sie hat sich zur Basis der Synthetischen Theorie der Evolution entwickelt. Die intellektuelle Befriedigung, die die Macht der Beschreibung, der Erfassung und der Voraussicht biologischer Variabilität durch mathematische Berechnung vermittelt, bewirkte, daß die Modelle, - vorgeschlagen durch die Mathematiker Fisher und Wright in den 20er Jahren und durch die Biologen Haldane und Chetverikov in den 30er Jahren - unter Genetikern wie Mayr (1) und Dobzhansky (2) große Anerkennung und Aufnahme fanden.
Die Berechnungen, ausgeführt unter der strikt mendelianischen Auffassung genetischer Weitergabe von Eigenschaften, sollten die darwinistischen Prinzipien in eine neue Sprache übersetzen. Die Adaptation bestand aus einer progressiven Verbreitung der am besten angepaßten Allele in den Populationen. Nach dieser Auffassung würde ein leichter Vorteil, geknüpft an ein Allel, über die Gene der Konkurrenz triumphieren, bis er sich zur Majorität in der Population entwickelt hätte. Die Anhäufung dieser kleinen Veränderungen während sehr langer Zeiträume würde die gesamte Variabilität, die entlang der gesamten biologischen Evolution existiert, erklären (3).
Auch in Zustimmung dieser sehr vereinfachenden Auffassung tauchen jedoch Konfrontationen zwischen der Biologie und der Mathematik (oder zwischen der Mathematik und der Natur) auf. 1957 kam der britische Genetiker J. B. S. Haldane (4), einer der Pioniere in der Ausarbeitung mathematischer Modelle für die Erklärung der Veränderungen von Genfrequenzen, zum Schluß, daß der Austausch einiger Allele durch andere innerhalb dieser Modelle eine Verminderung der tatsächlichen Größe der Population zur Konsequenz hätte, die im Laufe des Prozesses der Natürlichen Selektion zur Extinktion der Art führen würde.
Die Transformation von einer Art in die andere, welche der kleinste Schritt wäre im Versuch, die Prozesse der Mikroevolution (i.e. die progressive

Adaptation der Arten an ihr Milieu) auf die der Makroevolution (worunter man die großen Veränderungen in der Organisation versteht, die sich innerhalb der verschiedenen Organismengruppen ereignet haben) zu extrapolieren, wäre, basierend auf diesen Kriterien, äußerst unwahrscheinlich. Die Zahl der ausgetauschten Gene müßte zumindest größer sein als ein Dutzend pro Ereignis, was diesen Vorgang noch schwieriger machen würde. Dieser müßte entweder äußerst langsam ablaufen oder sich in einer Art mit einer enorm hohen Reproduktionsrate vollziehen. Dadurch aber, daß sich in der Mehrheit der Fälle keine dieser Bedingungen in der Natur erfüllt, ist die Folgerung evident. Man kann die Speziation (die Entstehung neuer Arten) mittels dieser Modelle nicht erklären.

Aber das ist nur der Anfang. In den 60er Jahren entdeckten R. C. Lewontin, ein Schüler von Dobzhansky, und J. L. Hubby die ersten Indizien der enormen genetischen Heterogenität natürlicher Populationen. Man hat heutzutage errechnet, daß der Grad der mittleren Heterozygotie bei Evertebraten bei 13%, bei Pflanzen um 17% und bei Vertebraten bei ca. 6% liegt, was sich nicht als Folge der Natürlichen Selektion erklären läßt. In den 70er Jahren taucht zusätzlich noch ein anderes Problem auf, die genetischen Polymorphismen. Eine bedenkliche Anzahl von Genen hat nicht nur zwei Allele sondern mehrere, sogar bis zu hundert.

Schließlich haben die Fortschritte der Molekulargenetik ab dem Beginn der 80er Jahre so viele und so komplizierte Kontrollsysteme der Genexpression entdeckt, sodaß es nicht mehr möglich ist, die Realität anhand von mathematisch orientierten Modellen widerzuspiegeln, die ursprünglich in geradezu exzessiver Vereinfachung bestanden, etwa "ein Gen-eine Eigenschaft", so wie in der Gegenwart "ein Gen - ein Polypeptid"

Obwohl die letzten Versuche, der Natürlichen Selektion eine vorherrschende Rolle in der Evolution zuzuschreiben, dazu geführt haben, daß die Umwelt grenzenlos zerteilt wurde, was beinahe jeder ökologischen Nische ein ihr zugeordnetes Allel (5) gebracht hat, kann man die mathematischen Modelle der Populationsgenetik gegenwärtig nicht mehr als Erklärungsmethode für die Evolution der Arten verwenden.

2.2 Die Speziation: Ein schwieriges Problem der Synthetischen Theorie

Trotz allem ist die natürliche Selektion ein bewiesenes Faktum. Die Beobachtungen von Darwin und Wallace hatten eine reale Grundlage. Das Problem in der Gegenwart besteht in der Tatsache, daß neue Entdeckungen die Hauptrolle der Selektion zu einer sekundären degradiert haben.

Die sogenannten mikroevolutiven Vorgänge, welche die synthetische Theorie als Basis betrachtet, über der sie die Evolution aufbaut, bestehen aus der

Mutation, als Quelle der Variabilität, der natürlichen Selektion als kanalisierendem Mechanismus dieser Variabilität und zufälliger Ereignisse, die mehr oder weniger abrupt die Genfrequenzen der Population modifizieren, genannt "genetische Drift". Diese Vorgänge können aus verschiedenen Gründen auftreten: Geographische und damit auch reproduktive Isolation einer Gruppe, die genetisch nicht repräsentativ für ihre Herkunft ist, Auslöschung von Teilen einer Population durch katastrophale Ereignisse oder zufälliger Verlust bestimmter Allele kleiner und isolierter Populationen.

Der kleinste Schritt, den die Synthetische Theorie für die graduelle Erklärung der Makroevolution benötigt, nämlich die Artenbildung, kann mittels eines dieser Mechanismen, die immer physische Reproduktionsisolation implizieren, erklärt werden: die sogenannte allopatrische Speziation. Beispiele dieses Phänomens beobachtet man heute in verschiedenen biologischen Spezies (indischer und afrikanischer Elefant, Rhinozeros, etc.). Man kann aber den anderen Typus, der sich ebenfalls offensichtlich vollzogen hat, nicht erklären: die sympatrische Artenbildung, also die Neubildung von Arten innerhalb deren Verbreitungsgebiet, ein Faktum, welches Darwin an den Galapagos-Finken beobachtet hatte und welches offensichtlich mit großer Häufigkeit bei Fischen, Vögeln und Säugern stattgefunden haben muß. Man hat diese Tatsache als die häufigste betrachtet, bis die Populationsgenetik zeigte, daß sie praktisch unmöglich sei. Entsprechend also dem Modell, welches sich auf den Veränderungen der Genfrequenzen begründet, würde sich eine graduelle Divergenz entwickeln. Die Mobilität der Art in ihrem Verbreitungsgebiet bewirkt eine permanente Durchmischung in der Population, und obwohl die besagte Art Zutritt zu unterschiedlichen ökologischen Nischen (unterschiedliche Nahrungstypen oder physische Bedingungen) hätte, sind es nur ökologische Varianten (Rassen) die sich bilden könnten, die aber untereinander immer noch fortpflanzungsfähig wären, weil der Genfluß innerhalb derselben aufrechterhalten bliebe.

Die einzige Möglichkeit der Artenbildung bestünde darin, daß es seitens der Individuen zu einer "aktiven" reproduktiven Isolation käme, d. h. zu einer eingeschränkten und absichtsvollen Auswahl der Sexualpartner unter denen, die eine ökologische Nische teilen. Diese Selektion aber impliziert eine deterministische Rolle in den ökologischen Bedingungen und eine Einstellung des Wollens in der Artenbildung, was sich aber in einen finalistischen Prozeß übersetzte und somit noch "schlimmer" lamarckistisch wäre.

In jedem Falle gewährt die Arten- und Formenvielfalt in der Natur dem graduellen Artbildungskonzept nicht viel Unterstützung, -und es ist klar, daß sich die sympatrische Artenbildung unzählige Male vollzogen hat. Daß sich diese Form nicht durch die Synthetische Theorie erklären läßt, gibt Anlaß zum Nachdenken.

2.3 Chromosomales Rearrangement

Abgesehen davon, daß man versucht hat, komplexe Hypothesen wie das "Verstärkte Modell allopatrischer Speziation" (6) zu etablieren, um die Erklärung des Vorgangs innerhalb der orthodoxen Theorie zu versuchen, "verhalten" sich die Daten weiterhin starrköpfig, ohne sich der Mathematik unterzuordnen.

Die einzig mögliche Erklärung sind abrupte Veränderungen im genetischen Material, die eine Gruppe reproduktiv von der Population isolieren. Eine "genetische Revolution", wie sie Ernst Mayr nannte, da er sie selbst 1978 entdeckte, ereignete sich jenseits der explikativen Kapazität der Populationsgenetik. In den Karyotypen verschiedener Arten ist es möglich, Mechanismen zu beobachten, die die Existenz dieser abrupten Veränderungen rechtfertigen. Bestimmte parasitäre Arten (7), Heuschrecken (8) und Pflanzen (9) sind drei illustrative Fälle, in denen sich die plötzliche sympatrische Artenbildung zeigen ließ.

Der Ursprung der plötzlichen sympatrischen Artenbildung waren Neuanordnungen von Chromosomen, die Phänomene von Polyploidisierung (plötzliche Vervielfältigung des Chromosomensatzes, häufig bei Pflanzen) bis zur chromosomalen Reorganisation, also Fusionen, Inversionen oder Translokationen umfassen können. Tatsächlich erscheinen Phänomene dieser Art auch in Zweigen der Hominoiden: die Pongiden (Schimpanse, Orang-Utan und Gorilla) weisen identifizierbare chromosomale Veränderungen im Bezug auf den Menschen auf. Der Karyotyp der Schimpansen unterscheidet sich von dem des Menschen in einer zentrischen Fusion und sieben Inversionen, die Subspezies der Orang-Utan von Borneo und Sumatra unterscheiden sich in einer perizentrischen Inversion des Chromosoms Nr. 3....

Zweifellos unterstützen diese Daten die Existenz von Vorgängen der Artenbildung in gewissen Fällen durch abrupte Sprünge. Deren Mechanismus wächst zu einem Problem, vergleichbar dem Dilemma von Haldane heran, jedoch akzentuierter: falls die initiale chromosomale Neuordnung nur einmal in einem Individuum stattfindet, kann die Chromosomenpaarung mit Individuen, die nicht Träger dieser Veränderung sind, im größten Teil der Fälle schwerwiegende Kompatibilitätsprobleme mit sich bringen, die im Normalfall deshalb zu Sterilität führen. Abgesehen davon, daß man Zuflucht bei komplementären Faktoren genommen hat, wie etwa eine mögliche größere Produktion von Nachkommen der Heterozygoten (für den Fall, daß die Chromosomenpaarung möglich wäre) oder die Zufallsunterstützung durch die genetische Drift, so scheint die Fixierung dieser Neuanordnungen in tierischen Populationen schwierig, wenn man von der orthodoxen Basis ausgeht, daß sich die Veränderung einmal in einem einzigen Individuum vollzieht.

Aber Tatsache ist, daß es möglicherweise mehr gibt, als man kennt und reichlich noch dazu. Sogar Genetiker wie Lejeune oder de Grouchy (10) haben unterstützt, daß die Evolution der Arten sich darauf begründet, daß sie "essentiell mittels chromosomaler Neuordnung" geschieht. Daher die Frage: Wie konnten sie sich bilden und in der Population fixieren? Wir werden später darauf zurückkommen.

2.4 Mikroevolution und Makroevolution: Zwei Aspekte des selben Vorganges?

Man kann nun sagen, daß sich die Artenbildung, der Initialschritt, den die Synthetische Theorie annimmt, um mikroevolutive Prozesse auf die Makroevolution zu extrapolieren, weit entfernt von einer ausreichenden Erklärung innerhalb der orthodoxen Schemata befindet. Das Modell der Allopatrie, die graduelle genetische Unterschiedlichkeit durch geographische Trennung, ist ein schwieriges Ereignis und in der Minderzahl innerhalb der biologischen Geschichte. Das Modell der plötzlichen Speziation, welche die sympatrische Diversifikation erklärt, weist ernsthafte Probleme auf, um die übriggebliebenen Fälle zu erklären. Während man noch übereinstimmt, die Erklärung der Artenbildung innerhalb dieser beiden Modelle zu finden, erhebt sich die Frage: Wie extrapoliert man dieses Phänomen auf die großen Veränderungen, etwa morphologischer, genetischer oder physiologischer Organisation, wie sie sich in der Makroevolution vollzogen haben?

Tatsächlich erlaubt die Speziation nur reproduktive Isolation. Die Veränderungen der Organisation innerhalb verwandter Arten sind minimal. Ein Katzenartiger ist ein Katzenartiger, unabhängig von seiner Größe oder seiner morphologischen Variation,. Und dasselbe gilt für die Fische, die Vögel, die Reptilien; es handelt sich also um eine absolut homogene Allgemeinorganisation mit den Umständen entsprechenden Nuancen, die sich (dieses Mal schon) als Adaptation an verschiedene Lebensformen erklären lassen.

Die Übersetzung dieser Tatsachen in genetische Termini gibt es seit einiger Zeit: 1975 hat H. L. Carlson (11) einen Artikel veröffentlicht, in dem er zwei genetische Systeme unterschied, die auf die Organismen wirken: "Eines, offen, modifizierbar durch die Natürliche Selektion mittels Substitution von Allelen, und ein anderes, geschlossen, welches die permanenten Eigenschaften der Art, physiologische, entwicklungsbiologische oder ethologische determiniert". Letzteres wäre unsensibel, was die Natürliche Selektion anbelangt und extrem konservativ. Diese scharfsinnige Beobachtung erklärt sich heute durch die Existenz von zumindest zwei Typen oder Kategorien von Genen, je nach deren Wirkungsweise: die sogenannten Strukturgene, (um es in einfacher und verallgemeinernder Weise zu sagen), kontrollieren das allgemeine Muster des Organismus, i.e. die Bildung der Gewebe und Organe, sowie deren Funktion und die

Regulatorgene, welche die Expression der Strukturgene mittels diverser Systeme, enzymatisch, hormonell etc., modulieren.
Evidenterweise hat eine Mutation in der ersten Gruppe von Genen viele Möglichkeiten, für den Organismus katastrophal auszufallen, da ja ein höchst komplexes und außergewöhnlich interdependentes System verändert wird (es ist nicht nötig, auf die unangenehmen theratogenen Aspekte dieses Typs von Mutation einzugehen).
Eine Veränderung in einem Regulatorgen jedoch, - obwohl in vielen Fällen zerstörerische Effekte produziert werden -, wird viel wahrscheinlicher in einen Organismus aufgenommen und dessen Lebensfähigkeit aufrecht erhalten, wenn sich auch dessen Morphologie verändert. Zum Beispiel: Wenn Pongiden auf die Welt kommen, weisen sie einen rundlichen Schädel auf mit einer zentral an der Basis gelegenen Öffnung, das *Foramen magnum.* Entsprechend ihres Wachstums entwickelt sich der vordere Teil schneller als der hintere, wodurch sich beim adulten Tier das Foramen magnum auf der Rückseite befindet, während es beim Menschen, bei dem sich beide Bereiche gleich schnell entwickeln, in der selben, zentralen Position bleibt. Das gleiche kann man auf die anderen Proportionen des Körpers anwenden, oder auf die *Folliculi pilosi,* abgesehen davon, bleibt der Grundbauplan gleich (Fig.1).
Diese augenscheinliche Dichotomie der Gene setzt sich in einem Phänomen fort, welches seit langem bei den Paläontologen, angefangen bei Cuvier im 18. Jhdt., bekannt ist. Die unterschiedlichen Organisationstypen erschienen plötzlich in den aufeinanderfolgenden geologischen Schichten und erhielten sich ohne (oder nur mit sehr wenigen) Veränderungen während langer Zeiträume aufrecht, bis sie von anderen Typen abgelöst werden. Die Fauna ist de facto Ursache der Namensgebung einiger Perioden.
Diese Evidenz führte jüngst zur Entwicklung eines Evolutionsmodells, genannt "Evolution durch unterbrochene Gleichgewichte" (12) und erarbeitet durch S. J. Gould und N. Eldredge, beide Paläontologen auf dem Gebiet der Evertebratenevolution.
Nach dieser Theorie erscheint jede neue Art plötzlich in den fossilen Schichten und persistiert während langer Zeiträume ohne Veränderungen (5, 10 Millionen Jahre und mehr). Anschließend wird sie durch eine andere Art ersetzt. Dadurch, daß diese Theorie feststellbare Fakten hervortreten läßt, bleibt es zu hoffen, daß

In Wirklichkeit ist dieser Mechanismus bei weitem komplizierter. Die genetische Kontrolle dieser Vorgänge erfordert eine Reihe von Signalen unterschiedlicher Gene, die unterschiedliche Etappen auf unterschiedlichem Niveau zu kontrollieren scheinen: Es gibt Aktivatorgene, die auf Selektorgene wirken (Regulation), welche dann auf die Strukturgene wirken. Diese determinieren die morphogenetischen zellulären Eigenschaften, die die Spezifität der Gewebe und letztlich der Organe ausmachen, die sie bilden. Nichtsdestotrotz behalten wir die Terminologie aus Gründen des deutlicheren Ausdrucks bei.

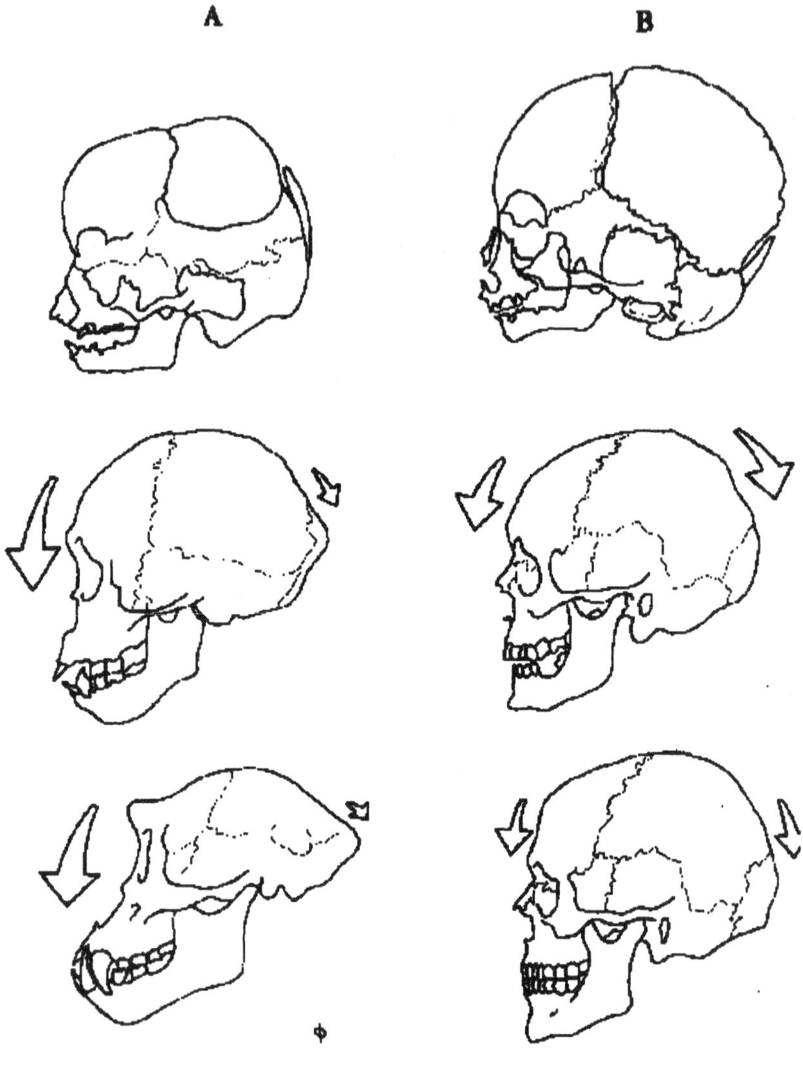

Figur 1: Die Schädel des Schimpansen (A) und des Menschen (B) weisen beim Neugeborenen einige sehr ähnliche Proportionen und Strukturen auf. Die unterschiedlichen Entwicklungsgeschwindigkeiten des Gehirn- und Gesichtsschädels bewirken, daß sich beim adulten Menschen Proportionen mit juvenilem Charakter erhalten (man bezeichnet dies als Neotenie), während beim erwachsenen Schimpansen die Gesichtspartie im Vergleich zum Gehirnschädel betont wird.

sie eine neue Hypothese zu der so basalen Tatsache der Speziation vorschlägt. Nun gut, die einzige Erklärung dieser abrupten Veränderungen in den fossilen Schichten findet man in dieser Theorie im Austausch vorangehender Arten durch andere oder durch solche, die besondere Anpassungen erreichten für andere ähnliche Lebensräume. Das Problem besteht also in der Erklärung, wie sich die Speziation der Emigranten vollzogen hat. War die Artenbildung graduell?

Das Dilemma in der Erklärung dieser Evidenz (die realen Sprünge zwischen den einzelnen Organisationsebenen) liegt in dem Hindernis, welches das gegenwärtig in unserer Kultur herrschende Paradigma seinen Trägern auferlegt. Die Wissenschaftler, als Teil dieser Kultur (und nicht gerade am Rande derselben befindlich) verstehen es nicht, diese ihnen geistig eingeprägten Schemata zu umgehen.

Als ein Extrembeispiel dafür, wie ein bestimmtes Gedankenmodell (in diesem Falle sogar eine geistige Fehlbildung) sich in die Interpretation biologischer Phänomene projiziert, genügt es, die außergewöhnlich mechanistische und reduktionistische Theorie R. Dawkins' zu erwähnen, die unter dem Titel erschien: "Das egoistische Gen" (13). Nach dieser ist die Evolutionseinheit das individuelle Gen bzw. die DNA-Sequenz, welche - gleichsam unsterblich - das Supremat in den Populationen erreicht. Die Organismen sind lediglich das Vehikel, die Maschine für das Überleben der Gene und alle tierischen Verhaltensweisen sind durch das folgende Prinzip angeleitet: "Jede Überlebensmaschine ist für die andere Überlebensmaschine ein Hindernis, das zu besiegen oder als erschöpfliche Quelle zu nutzen wäre". Obwohl man vorgegeben hat, diese soziobiologischen Entwürfe mit radikalen ideologischen Grundsätzen zu assoziieren, ist es klar, daß sie die Essenz einer Idee sind, die das ökonomische und soziale System bestimmen, welches sich in der gegenwärtigen Welt etabliert hat, wenn wir es seiner Euphemismen, wie etwa "Konkurrenz, Privatinitiative im wirtschaftlichen Sinne oder freier Markt" berauben.

Aber um auf die Schlußfolgerungen der "unterbrochenen Gleichgewichte" zurückzukommen; hier handelt es sich um kulturelle Bedingungen anderer Art, oder zumindest mit einem anderen Sinne behaftet. Die Grenze der Erklärungskapazität leitet sich von den anerkannten Dogmen im wissenschaftlichen Denken ab. Die biologischen Vorgänge sind anhand einer rationalistischen Methode auf unseren Kenntnissen gegründet, wonach sich das Leben auf unserem Planeten zufällig entwickelt hat und die Evolution sich mittels Mutationen im Erbmaterial, ebenfalls zufälliger Natur, vollzog. Aufgrund dieser Grundsätze kommt es dazu, daß das, was sich nicht erklären läßt, nicht existiert, "daß nicht sein kann, was nicht sein darf".

Die Vererbung erworbener Eigenschaften (deren fehlerhafte Formulierung im Lichte gegenwärtiger Erkenntnisse der genetischen Weitergabe das wichtigste

Roß in der Schlacht der Antilamarckisten gewesen ist) war nicht die erste konzeptuelle Differenz zwischen Lamarck und Darwin. Letzterer nämlich war Lamarckist, er glaubte immer an diese Art der genetischen Vererbung, die, wie wir später sehen werden, gar nicht so unmöglich ist. Der größte "Fehler" Lamarcks war die Interpretation der Evolution als Antwort der Organismen auf die Umweltreize und vor allem mit einer Richtung, einer Finalität verbunden, die dem vorher zitierten Dogma widerspricht, das die Evolution als mechanische und zufällige Erscheinung bestimmt, ohne Motiv und ohne Richtung.
Aber nach wie vor "verhalten" sich die Tatsachen starrköpfig. Unabhängig vom Basisargument zur Erklärung des Auftauchens der Arten, nämlich als Kinder des Zufalls, gehen die evolutiven Tendenzen augenscheinlich in Richtung einer höheren Komplexität, Effektivität oder Diversität im Verlaufe der Artensuzkzession (Fig. 2).

2.5 Die Veränderung in der Peripherie

Der brillante Paläontologe S. J. Gould bietet uns in einer seiner großartigen Arbeiten eine sehr lehrreiche Sicht, bezogen auf das Problem, an. Der zitierte Autor führt das Konzept der "Veränderung in der Peripherie" ein, als eines der möglichen Ereignisse, welches die "scheinbar" plötzliche Substitution einer Art durch die andere in den fossilen Ablagerungen rechtfertigt. Der Vorgang ist sehr verständlich. Eine konkrete ökologische Nische hat eine zentrale Zone, welche die typischsten Eigenschaften aufweist. Die Natürliche Selektion wirkt auf jene Individuen, die diesen Raum beanspruchen, jedes Mal mehr durch Adaptation an ihre Umgebung. Aber diese Umgebungsbedingungen verändern sich in dem Maße, in dem sich die Individuen der Peripherie nähern. (Stellen wir uns eine tropische Steppe vor, die fortschreitend in eine Buschsavanne und schließlich in eine Savanne übergeht). Die Individuen, gezwungen durch die Dichte in der Zentralpopulation, sehen sich genötigt, in der Peripherie zu leben, wo sie andere Umweltreize vorfinden, die zur Entwicklung neuer Eigenschaften führen können. Wenn diese Eigenschaften ihnen durch Zufall irgendeinen Vorteil gegenüber der Zentralpopulation verleihen, kann es dazu führen, daß diese jene plötzlich ersetzen. Dies aber würde in den fossilen Schichten wie eine abrupte Veränderung aussehen. Um diesen Vorgang erleichternd zu visualisieren, stellen wir uns diesen Fall angewandt auf die ersten Hominiden vor, die sich gezwungen sahen, die Savanne zu besiedeln und die, als sie einmal einen Vorteil gegenüber ihren Vorgängern erworben hatten, jene in deren zentralen Nische ersetzt haben könnten.
Obwohl dieses Modell eine zusätzliche Erklärung der Möglichkeit von sprunghaften Veränderungen (und nicht der großen realen Veränderungen) innerhalb der orthodoxen Lehre liefert, ist das wahrhaft Interessante der "moralische"

Niedrige Krone ohne Zement
Ernährung: dürres Laub

Hohe Krone ohne Zement

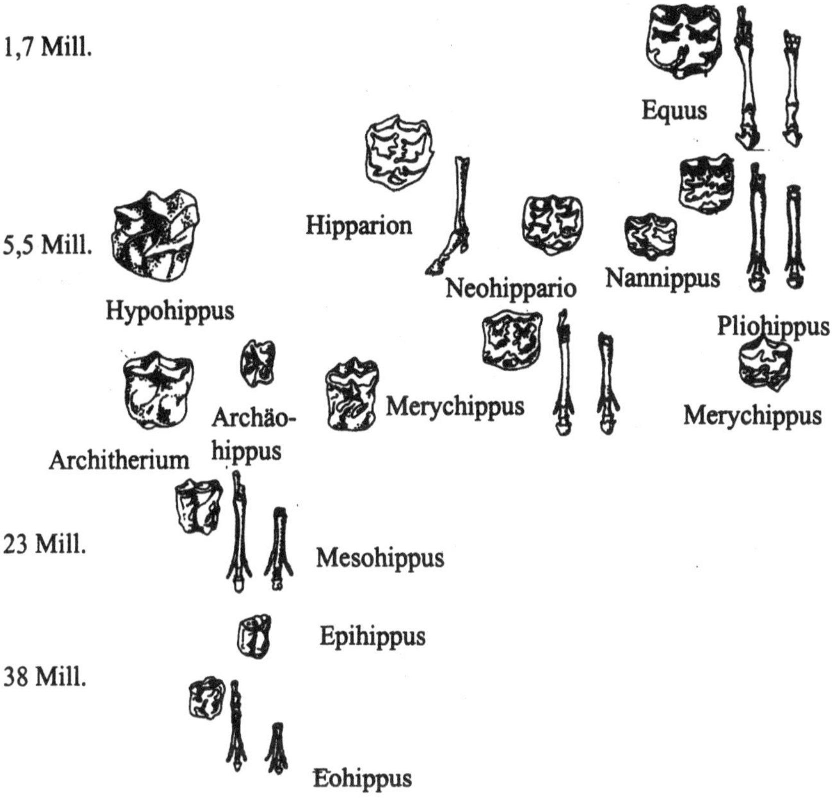

Figur 2: Die Evolution der Pferdereihe ist eine der am besten dokumentierten fossilen Entwicklungslinien. Obwohl man man unterschiedliche Erklärungsformen suchen kann, ist die Entwicklung in Richtung höherer biologischer Effizienz im Bezug auf einen speziellen Lebensraum evident. Der Übergang von der ursprünglichen Busch-savanne in offene Steppengebiete wird von einer Reihe progressiver Veränderungen begleitet. Es sind dies vor allem die Bezahnung und die Ausbildung der Extremitäten, sowie die Veränderung der Körpergröße. Es zeigen sich hier klare Antworten auf spezielle Umweltreize.

Aspekt, den dieses Beispiel vorschlägt. Unser Sozialkonzept versucht uns davon zu überzeugen, daß es die Konkurrenz ist, die zur Verbesserung führt. Es zeigt sich nämlich, daß eine permanente Konkurrenz nicht nur die Wahrscheinlichkeit realer Veränderungen nicht erhöht, sondern sie sogar verhindert, indem sie jedes Mal mehr die Ausgangsbedingungen betont. Die einzige Möglichkeit - entsprechend dieses Schemas - wäre, aus der Konkurrenzsituation auszubrechen und irgend etwas wirklich Neues zu versuchen.
Aber in wissenschaftlicheren und allgemeinen Begriffen führt dieses Beispiel eine andere Reflexion ein. Die Natürliche Selektion wird als kreativer Prozeß stark entwertet; ihre Wirkung ist dem Wesen nach konservativ, da ja das, was sie macht, jede Art mehr und mehr an ihre Bedingungen anpaßt... Man kann sogar noch etwas hinzufügen: die Natürliche Selektion - als einziger Evolutionsmechanismus - wäre in einer derartig dynamischen und veränderlichen Natur ein destruktiver Mechanismus, vorausgesetzt, ihre Tendenz wäre (ohne die zufälligen Bedingungen, die ihr die Populationsgenetik zuschreibt), die Arten einer totalen Homogenität zuzuführen, also eine totale Anpassung, was einer absoluten Wehrlosigkeit gegenüber veränderten Umweltbedingungen gleichkäme. Glücklicherweise gibt es sowohl vom biologischen Aspekt als auch vom sozialen die Polymorphismen, eine enorme Variabilität, die sich nicht als Resultat der Natürlichen Selektion erklären läßt und die genau deshalb zu existieren scheint, um die möglichen verderblichen Effekte dieser Natürlichen Selektion, ins Extreme geführt, zu verhindern.

2.6 Die Makromutationen: Unmöglich, aber notwendig

Ein Beispiel dafür, wie hart es ist, in der Wissenschaft den Vorgang der "Veränderung in der Peripherie" und gleichzeitig die Vorzüge der Polymorphismen darzustellen, lieferte in den 40er Jahren der deutsche Genetiker R. Goldschmidt. Er beobachtete, daß normale und punktuelle Mutationen, die sich in Populationen von *Drosophila* (der kleinen Mutter der Populationsgenetik und großer Teile der Molekulargenetik) ereigneten, zu klein sind, um sie auf die Makroevolution zu extrapolieren. Es müßten "Makromutationen" existieren, Mutationen mit augenblicklichen Wirkungen und starkem Einfluß auf die Variabilität der Individuen (14). Die Verteidigungsreaktionen der orthodoxen Wissenschaftler waren grauenhaft. Für sie hätten die Resultate diese Makromutationen, die sie sarkastischerweise "Zukunftsmonster" nannten, keine Fortpflanzungspartner gehabt, wodurch sie für den evolutiven Vorgang keine Bedeutung hatten.
Aber die aktuelle Entdeckung der Genregulationseigenschaften, in der eine Vielzahl von Faktoren existiert, die die Expression von weitreichende Gengruppen beeinflussen und die große Auswirkungen auf den Phänotyp des

Individuums haben, zeigten nicht nur, daß "Makromutationen" möglich sind, sondern auch, daß es in wissenschaftlichem Rahmen ehrenhafter und kreativer ist, zu versuchen, ein beobachtetes Phänomen zu erfassen, obwohl man die Mechanismen nicht gänzlich erklären kann, als die Fakten zu verdrehen, nur um sie in die Glaubensrichtungen einer dominierenden Mehrheit einzufügen.
Selbstverständlich hat die individuelle "Makromutation" die gleichen oder größere Probleme, sich in der Population zu fixieren als chromosomale Neuanordnungen. Aber nur Vorgänge dieses Typs können die Sprünge in der genetischen Organisation erklären, vergleicht man die rezenten Lebewesen mit den fossilen Funden. Die einzig mögliche Form der Fixierung dieser großen genetischen Veränderungen wäre deren gleichzeitiges Auftreten in einer gewissen Zahl von Individuen.
Genau die Mathematik scheint in diesem Fall die offensichtliche Unwahrscheinlichkeit dieser Notwendigkeit zu unterstützen. Ein Schüler von Dobzhansky, der Genetiker J. F. Ayala, hat jüngst die Resultate seiner Studien über die 44 Allele, die den Polymorphismus der HLA-Antigene, der Histokompatibilität des Menschen, zusammensetzen, veröffentlicht. Die Versuche, das Alter deren Ursprungs und eine Erklärung für die Dynamik dieser Diversität aus der Sicht der Populationsgenetik zu finden, scheitern durch die Tatsache, daß es einige Varianten gibt, die zwischen Schimpansen und bestimmten Gruppen von Menschen höhere Übereinstimmung zeigen, als zwischen letzteren und anderen Populationen. Ein ähnliches Problem zeigt sich beim Versuch, die selbe Analyse bei indioamerikanischen Populationen durchzuführen, da sich ja eine große Empfindlichkeit für die genetische Drift zeigt. Auf jeden Fall scheinen die ausgeführten Berechnungen - entsprechend der Methode maximaler Sparsamkeit - um zum Ursprung der Diversifikation zu gelangen, konsistenter. Die Resultate sind entschiedenermaßen gegensätzlich zur Theorie "einer" *mitochondrialen Eva* (unhaltbar in sich selbst) und zeigen auf, daß eine beträchtliche Wahrscheinlichkeit besteht, daß es eine Minimalgrenze von nicht weniger als 500 Individuen ursprünglich gegeben haben muß, um die aktuelle in der Menschheit existierende Variabilität zu erklären.
Nun sind wir zu den fundamentalen Fragen gekommen, die sich von den großen Problemen ableiten, die - im Moment - von einer neodarwinistischen Perspektive unlösbar sind. Kann ein evolutiver Mechanismus existieren, der gleichzeitig die saltatorischen Phänomene, die notwendigerweise sowohl auf der Ebene der Mikro- als auch auf der der Makroevolution stattgefunden haben müssen, rechtfertigt und das Auftreten dieser großen Veränderungen in einer für deren Erhaltung ausreichenden Individuenzahl ebenso? Es gibt genügend Indizien, die das glaubhaft machen.

3 Evolution und Lebensursprung

Das Dogma, das die Interpretation der biologischen Diversität seit der Synthetischen Theorie der Evolution stützt, ist, daß das Leben sich durch chemische Reaktionen gebildet hat, die, spontan und zufällig, auf den in der damaligen Erdatmosphäre existierenden Elementen basierten.
Das Experiment von Miller und Urey, durchgeführt in den 50er Jahren auf der Universität von Chicago, erzielte für diese Hypothese beruhigende Resultate. Durch die Simulation einer ähnlichen Atmosphäre im Bezug auf die Komponenten und deren Proportionen, so, wie die primitive gewesen sein mußte (Methan, Ammoniak, Wasserstoff und Wasserdampf), kontinuierlich einer elektrischen Entladung ausgesetzt, erreichten sie die Synthese zahlreicher Aminosäuren, darunter vier, deren für die Lebewesen zwanzig essentiell sind.
Obwohl man im allgemeinen dieses berühmte Experiment als Demonstration dafür anerkennt, daß das Leben in einem kurzen Zeitraum als Konsequenz des Zufalls erscheinen konnte, vergißt man einen wesentlichen Faktor. Diese organischen Moleküle sind für sich alleine nicht imstande, Leben hervorzubringen, auch nicht, wenn sie zu Proteinen vereinigt werden. D. h. genetische Information zu besitzen, speziell aber um sich zu replizieren, ist eine eigenartige Fähigkeit, die nur DNA und RNA besitzen, jene Moleküle, die das gesamte Leben auf der Erde organisieren und die Fähigkeit aufzeigen, die genetische Information auszuführen, durch die Funktion der RNA. Allein diese Eigenschaften reichen aus, um an der chemischen und zufälligen Natur des Ursprung des Lebens zu zweifeln.
Aber es gibt auch noch ein zusätzliches Problem: für die Autoreplikation der Nukleinsäuren ist die Existenz von Proteinen nötig. Aber für die Proteinsynthese wiederum die Anwesenheit von Nukleotiden, das bedeutet, daß diese beiden so komplex und ineinander zusammengesetzten Systeme simultan erscheinen mußten.
Gibt es die Möglichkeit einer zufälligen Entstehung nicht nur der Nukleinsäuren, sondern auch eines einfachen Proteins?
Der berühmte -und kritisierte- Astronom Alfred Hoyle klärt dies mit einem brillanten Beispiel: ein Organismus wie der menschliche benötigt für seine Funktion ungefähr 200 000 Peptidketten, von denen ca. 100 000 für die Funktion des Gehirns zuständig sind. Jede einzelne von ihnen hängt in ihrer Aktivität von der Art und Weise, in der die 20 Aminosäuren, die diese Kette aufbauen,

angeordnet sind, ab. Angenommen, daß die besagten Ketten normalerweise aus mehr als 100 Gliedern, in Form von Aminosäuren, mit insgesamt 20 Möglichkeiten für jede einzelne, bestehen, die Möglichkeit, zufällig, sogar zu einer einzelnen dieser 200 000 zu kommen, wäre 1:1, gefolgt von so vielen Nullen, um einen Raum in der Größe der gesammelten Werke Shakespeares zu füllen (16). Generell sucht man Zuflucht bei der Unterstützung durch den Zufall, wegen der großen Menge an verfügbarer Zeit für die Gruppierung der ersten Aminosäuren. Aber gemäß der Berechnungen von Sir Alfred Hoyle wäre diese Zeit mit derjenigen vergleichbar, die ein Blinder brauchte, um alle sechs Seiten eines Rubick-Würfels zu vervollständigen, wobei er jede Sekunde eine Bewegung machen müßte. Bei dieser Berechnung ergäbe sich ein Zeitraum von ungefähr dem Hundertfachen des Erdalters. Nichtsdestoweniger hat man ein Argument gefunden, um den nötigen Zeitraum zu verringern; "falls, wie die Thermodynamik lehrt, das Universum kontinuierlich seine Entropie vergrößert, so müßte es am Anfang (?) eine geringere Entropie gegeben haben als jetzt; mit anderen Worten: Es herrschte höhere Ordnung!" (17). Der Glaube an den zufälligen Ursprung des Lebens ist so groß, daß er nicht nur die physikalischen "Gesetze" der Thermodynamik an ein ihnen so gegensätzliches Phänomen anpaßt, wie es das Leben ist, sondern noch "das einzige Gesetz des Zufalls" leugnet, nach dem bedeutende Ereignisse mit ausreichend schwacher Wahrscheinlichkeit sich innerhalb einiger Grenzen, gegeben von Raum und Zeit, nicht wiederholen können.

Wenn also das zufällige Erscheinen eines simplen Proteins - sogar in einem Universum höheren Ordnungsgrades - sehr unwahrscheinlich ist, so ist die Entstehung komplexer Moleküle, die genetische Information übertragen, nicht weniger als unmöglich. Aber trotz dieser soliden Hindernisse hat sich die starke Gläubigkeit in die präbiotische Chemie als Fabrikant des Lebens nicht verloren. Neuerdings konnte man kurze Nukleotidsequenzen unter der Verwendung von modifizierten natürlichen Ribosomen und RNA miteinander paaren. Das führte zum überraschenden Schluß, daß "eine RNA-Welt der Erfinder der Proteinsynthese sei" (18). Dies würde eine Vorform der RNA erfordern, mit all ihren komplexen Eigenheiten, von zufälliger Form. Das bedeutet, daß die Möglichkeiten ungefähr so wären, wie die des Blinden von Hoyle für ein einzelnes Protein, aber mit einem Rubick-Würfel, mit Butter geschmiert, so daß er bei jeder

---

Das "Gesetz des Zufalls", wie viele andere Gesetze (zumindest die wissenschaftlichen und speziell die statistischen) ist eine für Ausnahmen oder unterschiedlichen Interpretationen empfindliche "Wahrheit". Eine Wahrscheinlichkeit, daß sich ein Vorgang einmal in einer Million Möglichkeiten vollzieht, will nicht sagen, daß er sich ein zweites Mal oder in zwei Millionen ebenso vollzieht. Auf alle Fälle will dies, obwohl die probabilistischen Kriterien zur Unterstützung einer Hypothese nicht als die besten betrachtet werden können, nicht behaupten, daß sie nicht nützlich zur Bewertung von Wahrscheinlichkeiten sind.

Bewegung zu Boden fallen würde. Genaugenommen handelt es sich hier um ein Kreisdenken, in dem der Ursprung des Lebens das Leben ist.
Noch aktueller (1994) hat man die Angelegenheit verkompliziert, auf der Suche nach dem ursprünglichen Protein, und zwar unter der Perspektive des "egoistischen Gens". Julius Rebek synthetisierte erfolgreich "autoreplikative" Moleküle. Die Methode sie zu erzeugen, ist als zufälliger Vorgang sehr umstritten: das synthetisierte Molekül *Adeninribosenaphtalinimid* (ARNI) bildet sich langsam aus einer dessen Komponenten enthaltenden Lösung. Gibt man dieser Lösung etwas "ARNI" hinzu, so erhöht sich deren Synthesegeschwindigkeit, ein "klares Beispiel eines autoreplikativen Systems" (19). Obwohl das System eher einem autokatalytischem Vorgang ähnelt, bleibt ein "kleineres Problem" übrig, um ein Lebewesen zu produzieren: das Erscheinen einer Proteinhülle als Behälter, der das Molekül vom Substrat abgrenzt. Auch müßte die Fähigkeit entstehen, in andere Organismen einzudringen, sich ins Genom einzubauen, um deren Proteine zur Autoreplikation zu nützen. Das bedeutet, vielleicht käme man dazu, ein "künstliches" Virus zu schaffen. Aber danach wäre es nötig, daß eine Zelle folgt, in der es sich replizieren könnte, denn ohne diese Zelle ist ein Virus inert. Dem Schein nach gibt es eine Art der Widerspenstigkeit, die es bestreitet, daß die Zelle das einzige natürliche Medium sei, in dem sich die komplizierten Lebensvorgänge entwickelten.
Obwohl man nun organische Materie synthetisieren und eine Zelle schaffen konnte, so bleibt es dennoch extrem unwahrscheinlich, daß die fremdartige Eigenschaft, aus Nukleinsäuren als Resultat chemischer Reaktionen Leben produzieren zu können, auftrat.

3.1 Der Vorkeim

Wie also konnte das Leben auf der Erde entstehen? Es mußte von einer Form sein, die sich ihre unabdingbaren Voraussetzungen schuf, wofür es gleichzeitig Nukleinsäuren und Proteine gab. Um uns dies vorzustellen, müssen wir zum Ursprung unseres Planeten zurückkehren.
Das Alter der Erde konnte man dank "radioaktiver Uhren" mit einer beachtlichen Genauigkeit bestimmen. Mittels der U-238 Methode (zerfällt zu Pb-206) bestimmte man, daß sich die Erde vor 4560 Millionen Jahren zu formen begann, und durch Akkumulation von Meteoriten, die mit ihr zusammenstießen beendete sie ihre Bildung vor 4440 bis 4410 Millionen Jahren und begann, die Atmosphäre zu halten (20).
Diese erste Atmosphäre, die für aerobes Leben ungeeignet war, wie wir heute wissen, entstand aus den Gasen, die sich im Inneren der Erde bildeten und mit

---

Siehe Kapitel: Molekulare Aspekte

einer hohen Temperatur an die Oberfläche stiegen, vor allem Kohlendioxid und Stickstoff. Es gab auch Methan, Ammoniak, Schwefeldioxid, Chlorwasserstoff und Wasserdampf. Diese Zusammensetzung hat sich in den kleinen Gasmengen erhalten, die von den Gebirgsrücken der Ozeane an die Oberfläche steigen und in kleinen Magmavesikel gefangen bleiben (21). Freien Sauerstoff jedoch gab es nicht.

Das langsame Abklingen der Temperatur, die Entgasung und Kondensation, gestatteten die Bildung großer Wassermengen, die die Erde bedeckten. Während dieser Zeit, wenn auch reduziert, blieb der Meteoritenregen aufrecht und erwirkte das Aufkochen des Wassers. Bis vor 4 Milliarden Jahren war die Präsenz von Leben auf der Erde unmöglich.

Aber es existieren sichere Indizien, daß zumindest vor 3,8 Mrd. Jahren Leben auf der Erde bereits existierte. Das Verhältnis zwischen den C-12 und C-13 Isotopen in sedimentären Gesteinen (die sich nur zugunsten der C-12 Isotopen verändern, wenn der lebende Organismus das Gleichgewicht verändert) brachten Indizien, daß in der Isua-Formation, im Westen von Grönland, zu diesem Zeitpunkt irgendwelche Lebensformen existierten. Für den Astronomen Carl Sagan (22) zeigt die Geschwindigkeit, mit der das Leben auf der Erde aufblühte, die hohe Wahrscheinlichkeit dieses Vorgangs an. Schwierig ist es nun, dies als chemische, zufällige Ereignisse zu erklären .

Was waren das für Organismen? Die Antwort scheint sich in den Stromatolithen zu befinden (Fig. 3). Im 19. Jhdt. entdeckt, wußte man nicht, was diese fossilen Strukturen waren, bis man deren lebende Entsprechungen in Australien und Florida studierte. Sie sind Spuren von Cyanobakterienkolonien, die im Wasser in geringer Tiefe leben. In Australien hat man Stromatolithen im Alter von 3,6 Mrd. Jahren gefunden. Außerdem ist die Existenz von Bakterien in 3,5 Mrd. Jahre alten Gesteinen weitläufig festgestellt worden.

Die Bakterien sind ein besonderer Typ von Lebewesen, welcher sich weder als Tier noch als Pflanze klassifizieren läßt. Um sie vom Rest der Lebewesen zu unterscheiden, hat man ihnen einen Namen gegeben, der sich darauf bezieht, daß sie in einer Membran ohne Zellkern eine freie einfache DNA-Kette besitzen. Man nennt sie Prokaryoten, um sie von den echten Zellen zu unterscheiden, die die DNA in ihren Zellkernen tragen, die Eukaryoten. Aber, wer auch immer ihnen den Namen gegeben haben mochte, vielleicht ohne es zu wissen, dieser Name zeigt noch etwas anderes an. Etymologisch betrachtet, bedeutet Prokaryot nämlich "Vorkeim bzw. Vorkern".

Man unterscheidet drei Typen von Bakterien. Die Archebakterien, deren Name ihren archaischen Charakter bereits anzeigt, alte, die Cyanobakterien, auch grünblaue Algen genannt, bezogen auf ihr Aussehen und die Eubakterien, die echten. Aber alle haben einige spezielle, komplexe Eigenschaften, die sie als die ersten Lebensformen in Frage kommen lassen. Die erstgenannten, von

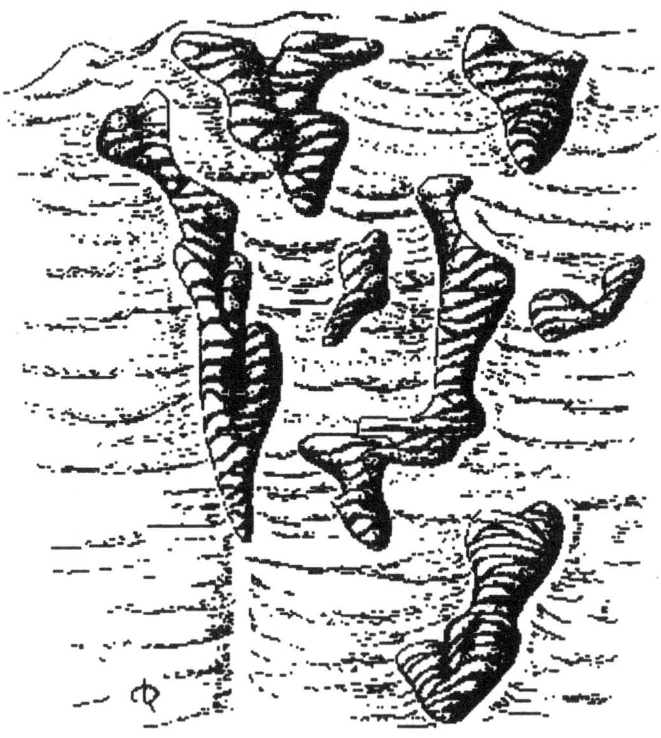

Figur 3: Stromatolithen sind Reste der Aktivitäten von Bakterienkolonien, die vor allem aus photosynthetisch aktiven Blaualgen bestanden. Sie bilden eine Art Kappe in den Sedimenten seichter Gewässer. Durch den Vorgang der Ablagerung (Stoffwechselendprodukte und Schutzvorrichtungen) wird die Einwirkung der Sonne verhindert, sodaß die Organismen dem Licht folgen und mit ihnen ihre Ablagerungen. Dadurch kommt es zu Wachstumsvorgängen, die an einigen Fundstellen eine Dicke von bis zu 1000 m und flächige Ausdehnungen von bis zu Hunderten von km angenommen haben. Man datiert diese Bildungen auf einen Zeitraum zwischen 2,5. Mrd. Jahren und dem Beginn des Kambriums.

denen heute wenige Arten bekannt sind, spiegeln die Besiedelungsgeschichte einer - im Vergleich mit der heutigen - stark verschiedenen Erde. Diejenigen, die übrigblieben, leben in Extrembiotopen wie Salzlagerstätten oder Thermalquellen mit hohen Temperaturen. Neuerdings hat man eine Art entdeckt, die am Grunde des Ozeans, in einer Tiefe von 2.650 m in der Nähe von Schwefelquellen leben, unter Temperaturen von 250 Grad Celsius und 250 atü Druck (23). Die Cyanobakterien, zu Beginn des Präkambriums eindeutig identifiziert und reichlichem vorhanden, führen eine bedeutende Tätigkeit aus: die oxygene

Photosynthese, i.e. die Produktion von Sauerstoff. (Bei Eubakterien funktioniert die Photosynthese anoxygen.) Zweifellos waren sie die ersten Organismen, die - so wie später die Pflanzen - in der Photosynthese Wasser als Elektronendonator verwendeten.
Die Eubakterien zeigen eine Reihe von Aktivitäten und einige Eigenheiten, die prädestiniert scheinen, um Leben zu erzeugen. Alle (oder eine große Mehrheit) weisen eine sehr flexible und effiziente DNA auf, die, im Unterschied zu genetischem Material höherer und komplexerer Organismen, die Integration fremder Gene ermöglicht - Gene, die innerhalb ihresgleichen zu agieren vermögen und so das zusammengesetzte kodifizierende Material erzeugen. Tatsächlich sind die Bakterien das System, mit Hilfe dessen man häufig in gentechnologischen Experimenten komplexe organische Verbindungen in großen Mengen herstellt, sogenannte "exogene Proteine".
In jüngster Zeit hat man bei Bakterien Entdeckungen gemacht, die eine gewisse Unruhe erzeugt haben, da sie "die alten Geister der lamarckistischen Evolution wiedererwecken" könnten: die gesteuerten Mutationen und die Vererbung erworbener Eigenschaften. Es ließ sich zeigen (24), wie bestimmte Bakterien vor einer Nahrungsquelle, die sie nicht nutzen konnten, Mutationen erlitten, (in diesem Falle sogar zwei voneinander unabhängige, von denen jede für sich allein gar keinen Vorteil gebracht hätte), die eine Assimilation ermöglichten. Die Wahrscheinlichkeit, daß diese zwei Mutationen zusammen und gleichzeitig entstehen, ist praktisch null. Das bedeutet, daß es sich nach aller Wahrscheinlichkeit um eine Antwort auf die Bedingungen des Mediums handelt, also eine postadaptative Mutation. Aber abgesehen davon haben sie andere Varietäten und "lamarckistische" Besonderheiten: die Stickstoffixierung in armen Böden, wo sie das Leben von Pflanzen ermöglichen, die ohne diese nicht existieren könnten. Andere erzeugen Fermentationen, die Substanzen für das Leben komplexer Organismen bereitstellen, die sie ohne deren Vorbehandlung gar nicht nützen könnten. Einige leben und verrichten ihre Arbeit im Verdauungstrakt von Pflanzenfressern und andere in dem des Menschen. Ein überraschender Fall ist der der intrazellulären Bakterien der Spezies *Eucelis incisus*, die ihrem Gast Cholesterol und einige Aminosäuren zur Verfügung stellen, welche der Organismus beide nicht synthetisieren kann. In einem speziellen Moment seines Lebens emigrieren die Bakterien über die Hämolymphe zu den Ovarien und dringen zwischen die Eizelle und deren Membran ein. Auf diese Weise erzeugen sie eine Transmission lamarckistischer Prägung im Erbgeschehen (25). Auch gibt es welche, die toxische Elemente, wie Schwefel- oder Kohlenstoffverbindungen in organische Substanz umsetzen, photosynthetische Bakterien, die involviert sind in die biogeochemischen Hauptzyklen des Kohlenstoffs, Stickstoffs und Schwefel bei der Oxidation zu CH_4, NH_3, und SH_2 und der Umwandlung zu Kohlendioxid, Nitrat- und Sulfationen, die dann für Pflanzen

verfügbar sind. Und schließlich gibt es die erwähnten photosynthetischen Cyanobakterien, welche atmosphärisches Kohlendioxid zu Sauerstoff verwandeln. Diese letzte Eigenschaft scheint es gewesen zu sein, die das Auftreten von Organismen, welche Sauerstoff zum Leben verwenden, ermöglichte. Wenn auch tatsächlich ein kleiner Teil der Kohlendioxidextraktion aus der Uratmosphäre von anorganischen Prozessen verursacht werden konnte, so scheint heute klar zu sein, daß der überwiegende Anteil dieser Extraktion und die Bildung der neuen Atmosphäre mit einem hohem Sauerstoffanteil durch die Aktivität von photosynthetischen Bakterien und etwas später von deren ersten Deszendenten, primitiven einzelligen Algen, verursacht wurde. Aktuelle Studien zeigen, daß dieser Prozeß sich in einem plötzlichen Auftreten vor ca. 2,1 Mrd. Jahren vollzogen hat und daß die aktuelle Situation unserer Atmosphäre vor 1,5 Mrd. Jahren entstand (21).

3.2 Der Ursprung eukaryotischer Zellen

Aber die Bakterien, der Vorkeim, machten nicht nur Bedingungen für das aktuelle Leben möglich, sondern "machten" auch das Leben. Diese Behauptung mag wohl etwas übertrieben scheinen. Die Implikation aber der Bakterien in der Bildung eukaryotischer Zellen, die komplexe Organismen aufbauen, ist nicht nur eine Hypothese (Fig. 4). Die Daten, die L. Margulis und D. Sagan (26) veröffentlichten, manifestieren eindeutig den bakteriellen Ursprung der Chloroplasten und der Mitochondrien, also essentieller eukaryotischer Organellen. Das bedeutet also den Einbau eines photosynthetischen Chlorobakteriums des Typs *Prochloron* innerhalb eines Bakteriums für die Chloroplasten sowie die Integration aerober Bakterien wie *Paracoccus* und *Rhodopseudomonas* für die Mitochondrien. (Es ist ein sehr interessantes und den Gedanken unterstützendes Phänomen, daß der genetische Code der nukleären DNA leicht von der "Sprache" abweicht, die Chloroplasten und Mitochondrien in ihrer DNA verwenden).

3.3 Die Organisation des Lebens

Tatsächlich existierten die ersten eukaryotischen Zellen bereits vor 2 Mrd. Jahren (27.) Jedoch auch im nächsten Schritt scheinen die Bakterien eine Rolle zu spielen. Die ersten Metazoa, mehrzellige Organismen, tauchen plötzlich im Fossilbeleg auf. Es handelt sich um die Ediacara-Fauna, ein Name, der sich auf die Hügel von Ediacara, in Australien bezieht, wo man diese zum ersten Mal in den 40er Jahren entdeckt hatte. Neuerdings aber hat man sie auch in Europa und Afrika beschrieben. Ihr Auftauchen in den Schichten vollzog sich abrupt ab einem Zeitraum zwischen 580 und 560 Millionen Jahren. Unterhalb gibt es

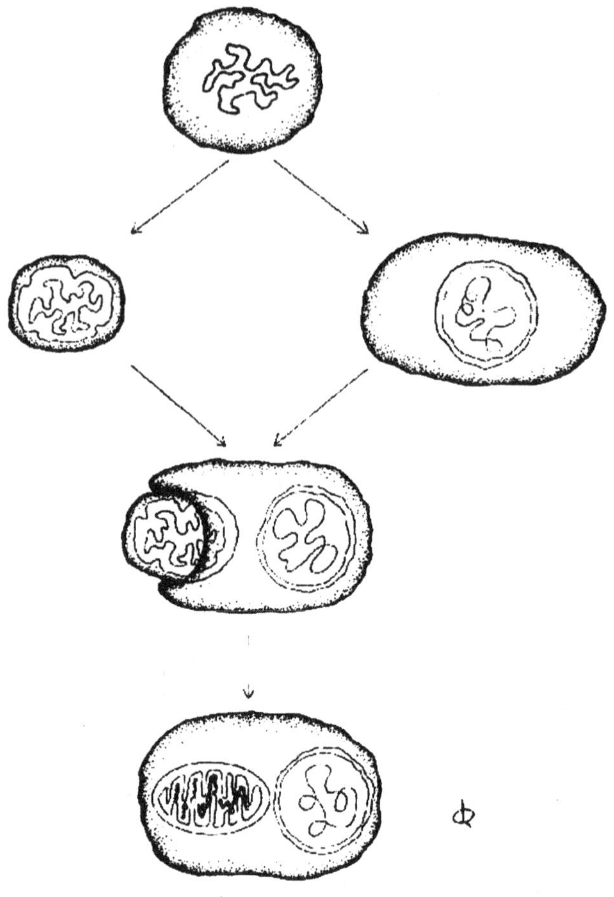

Figur 4: Die Mitochondrien könnten von Bakterien abstammen, die dem Typ *Bdellovibrio* gleichen. Diese haben die Eigenschaft, aktiv in Bakterien einzudringen und dort zu parasitieren. Der Vorgang des Eindringens in seinen Wirt suggeriert, daß im anzestralen Bakterium Phagozytose nicht notwendigerweise stattgefunden haben mußte, um die Existenz von kleinen Bakterien in einem großen zu erklären. Die Teilung der Mitochondrien im Prozeß der Mitose weist zweifellos einige typische bakterielle Eigenheiten auf.

keine Übergangsformen. Viele von ihnen besaßen einen weichen Körper und hinterließen einen perfekten Abguß: *Charnodiskus*, in der Form eines Strauches oder einer Staude, mehr als einen halben Meter hoch, *Spriggina*, eine Art

platter und segmentierter Wurm mit einer Länge zwischen 4 bis 10 cm (Fig. 5) und *Cloudina*, ähnlich einem primitiven Polypen in Kalziumkarbonatröhren. Und wieder gibt es ein Problem, das für die konventionelle Theorie schwierig zu erklären ist: Wie vollzog sich die zelluläre Differenzierung, um die verschiedenen Gewebe und Organe dieser Tiere zu erzeugen? Die Medusen, die einfachsten Tiere, die gegenwärtig existieren, haben 11 verschiedene Zelltypen, im Unterschied zu den Säugern, die mehr als 200 Zelltypen aufweisen.
Man kennt die Quelle der zellulären Variabilität und deshalb auch die Variabilität der Organismen: die sexuelle Reproduktion. Aber deren Ursprung ist weit von einer schlüssigen aktuellen Erklärung entfernt.

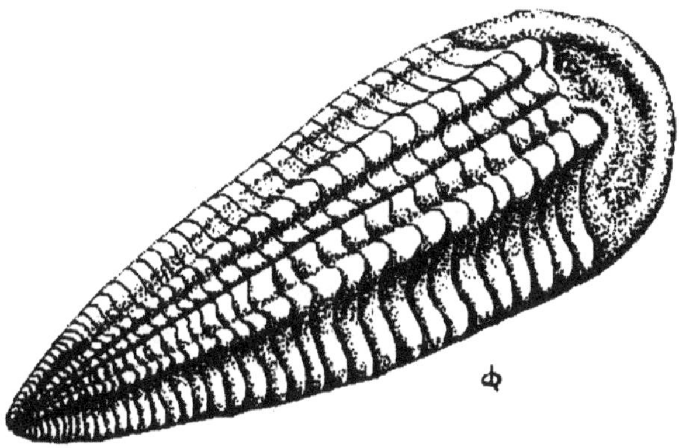

Figur 5: Spriggina, deren Namen sich vom Entdecker der Ediacara-Fauna, dem Geologen R. C. Sprigg, ableitet, hat zusammen mit dem Rest der sie begleitenden Fauna zahlreiche zoologische "Disqualifizierungen" erhalten. Für diejenigen, die ihren plötzlichen Ursprung leugnen, handelt es sich hierbei um Kolonien einzelliger Organismen oder gar um deren Abfallprodukte. Die perfekten Abdrücke jedoch, die sie in den Sedimenten hinterlassen haben, vor allem *Spriggina*, legen eine differenzierte Organisation dar. Diese ermöglichte eine Identifizierung als primitiver Ringelwurm oder, für andere, als Vertreter eines Protoarthropoden.

Organismen, die sich asexuell fortpflanzen können, wie die Bakterien und einige einfache Polypen tun dies durch einfache Teilung. Ihre DNA verdoppelt sich und verteilt sich durch zwei exakt gleiche Kopien auf ihre Genome. Die Variabilität dieser Deszendenten hat minimale Möglichkeiten. Es werden exakt die gleichen Organismen sein, es sei denn, es käme zu einer Mutation, die in der Mehrheit der Fälle jedoch schnell behoben würde (die Reparaturmechanismen der DNA von Bakterien sind bemerkenswert). Die Möglichkeit einer Veränderung ist also sehr gering und ein möglicher Beweis befindet sich darin, daß diese Bakterien seit sehr langer Zeit kaum Veränderungen erfahren haben (und hier können wir die Chloroplasten und die Mitochondrien gleich einbeziehen). Dieser Umstand führt einen wichtigen Schwachpunkt der Populationsgenetik ein: Wie erklärt man - in Begriffen der Allelfrequenzen - die Evolution von asexuellen Organismen während 2 Mrd. Jahren?

Die sexuelle Reproduktion ist vor allem ein Mechanismus zur evolutiven Veränderung. Die eukaryotischen Zellen enthalten die DNA in doppelter Ausführung verpackt in Form von Chromosomen. Der Vorfahre jedes Geschlechts verwendet Gameten, i.e. spezielle Reproduktionszellen, die eine der zwei komplementären Chromosomenhälften mit unterschiedlicher Information enthalten und sich zur Zygote vereinen, die die Information beider Eltern zusammenführt. Aber abgesehen davon machen diese zwei DNA-Stränge verschiedener Individuen noch etwas Besonderes. Vor einer neuen Reproduktion tauschen sie die Information aus, die sie besitzen und durchmischen sie. Durch diesen Vorgang erhöht sich die Variabilität und das ist für die Evolution von fundamentaler Bedeutung.

Jedes Mal stellt es sich als schwieriger heraus, diese komplexen Eigenschaften der DNA als mechanisch erschienenes Zufallsphänomen zu erklären. Unter Berücksichtigung des schlagenden Beweises für die Implikation der Bakterien in den Ursprung der eukaryotischen Zelle scheint es vernünftiger, eine bakterielle Aggregation anzunehmen, mit dem Beitrag eines zweiten chromosomalen Spieles. Zumindest klingt es vernünftiger, als die "orthodoxe Hypothese", die behauptet, die sexuelle Reproduktion sei erschienen, um die Viren zu verwirren, die wegen ihrer Fähigkeit, die Zellmembranen des Wirtes zu durchdringen und in Gensequenzen zu inserieren, an einem Ort, den sie chemisch erkennen, wodurch sie also den evolutiven "Start" der Eukaryoten gefährden konnten. Die Veränderungen in jeder neuen Generation als Resultat der sexuellen Reproduktion würden es den Viren erschweren, ihre Insertionsstelle zu finden (28). Obwohl diese Theorie harmlos erscheinen mag, sollte man im Auge behalten, daß eine andere Erklärungsform schwierig ist, da ja teilweise ein Prinzip für das Motiv der evolutionären "Erfindung" der sexuellen Reproduktion "offensichtlich nicht das Ergreifen von Vorteilen in der Zukunft war".

Abgesehen davon ist für die Evolutionstheorie, gegründet auf dem Zufall ohne Richtung und Tendenz auch der nächste Schritt in der Geschichte des Lebens schwer zu erklären: die sogenannte "Explosion des Kambriums". Auf dem geologischen Niveau über dem der Ediacarafauna, (getrennt durch eine Schichte äußerst kurioser kleiner Muscheln), welches auf ein Alter von 530 Mill. Jahren datiert ist, erscheint eine absolut unerklärliche Vielfalt von Tieren. Ihre komplexen Strukturen sind eindeutig differenziert und haben es ermöglicht, sie als Adaptationen an eine Besetzung aller mariner ökologischer Nischen zu identifizieren. Da gab es Schaufler wie *Ancalogon*, Röhrenbewohner wie *Louisella*

oder *Ottoia*, Sessile wie *Vauxia* oder *Pirania*, Bodenwühler wie *Canadapsis* und *Oleonides*, schwimmende Räuber wie *Anomalocaris*. Es gab sogar kuriose Experimente wie *Opabinia* oder *Hallucigenia* (Fig. 6).
Was jedoch am meisten Aufmerksamkeit erregt, ist nicht die ökologische Diversifikation, die leicht als adaptative Radiation in einem "leeren Gebiet" zu verstehen ist, voll von nutzbaren Ressourcen ohne Ausbeutung. Das Unerklärbare, vom evolutiven Standpunkt aus betrachtet, besteht darin, daß in diesen Tieren alle Hauptorganisationstypen zu erkennen sind, alle modernen Stämme tierischen Lebens, mit Ausnahme der Bryozoa, kolonienbildende sessile Meere-

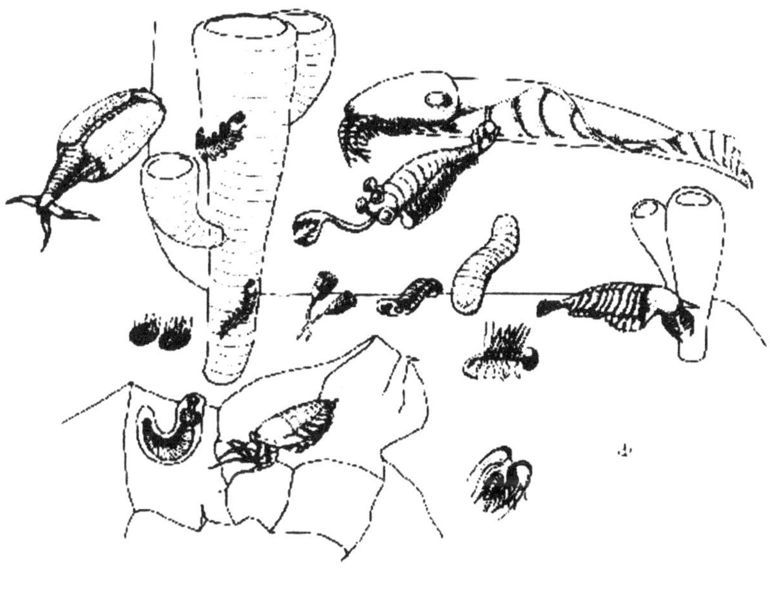

Figur 6: Die Explosion des Lebens im Kambrium ist der am schwierigsten zu erklärende evolutionäre Abschnitt für die konventionelle Evolutionstheorie. 1910 entdeckt in Kanada, Burgess Shale (eine felsige Formation von 60 m Länge und 2.5 m maximaler Tiefe). Die fremdartige Fauna seichter Meere wurde von Ch. D. Walcott entdeckt, zusammengesetzt aus Arthropoden, Würmern und Medusen. Die Wiederbegutachtung in den 60er Jahren durch Whittington und seine Studenten D. Briggs und S. Conwax Morris brachte überraschende Details bezüglich der "Organisationsexperimente". Die ausdrucksstarken Namen von *Hallucigenia* oder *Anomalocaris* deuten den außergewöhnlichen Eindruck an, den sie bei ihren Entdeckern erzeugten.

sorganismen, die nicht vor dem Ordovicium - der darauffolgenden geologischen Periode - erscheinen.

In dieser Fauna hat man Schwämme, Stachelhäuter, Mollusken, Onychophoren bestimmt, obwohl die überwiegende Mehrheit aus Arthropoden besteht. Sogar Vorläufer der Chordaten, also auch der Wirbeltiere, vertreten durch *Pikaia*, welche die Merkmale eines Cephalochordaten zeigt. Selbstverständlich gab es auch Organisationstypen wie die bereits erwähnten *Opabinia* und *Hallucigenia* und sogar Trilobiten ohne bekannte nachfolgende Arten, (obwohl für einige Autoren *Hallucigenia* ein Vertreter der Onychophoren ist).
Wie erklärt man gegenwärtig diese plötzliche Revolution, die in einer Zeit ohne Vorläufer, derartig komplexe Strukturen hervorgebracht hat, wie Antennen, gegliederte Beine, feste Körperdecken, Schalen, Scheren, Augen, Schwimmflossen, Münder, Verdauungsrohre (bisweilen sogar mit Verdauungsinhalt wie bei dem Arthropoden *Sydneyia*, mit Resten von Trilobiten und Brachiopoden)?Als Zuflucht bedient man sich hier der Zeit. Ein großer Zeitraum erlaubte der Evolution die gesamte Versuchsreihe. Aber die Zeit erklärt nicht alles. Mit welchem genetischen Material, mit welchen Sequenzen gelangte man von einigen einfachen und typischen eukaryotischen Zellen, mit einer semipermeablen Cytoplasmamembran, zu derart spezialisierten Zellen, die imstande waren, all diese komplexen Strukturen zu erzeugen? Und vor allem, wie konnte die Regulation der Embryonalentwicklung, die all diese deutlich differenzierten Organisationsmodelle verursacht, entstehen? Durch die lange Zeit, die verging? Durch zufällige Anhäufung von punktuellen Mutationen in eukaryotischen Zellen? Wenn man die extreme Stabilität der Genexpression im Auge hat, so erscheint es einem geradezu unmöglich. Also: Wie kam es zu der plötzlichen Einführung dieser komplexen Sequenzen in das einfache Genom möglicher Vorläufer mit der notwendigen Information?

3.4 Die Boten

Kehren wir zu den Viren zurück (, die wir mit dem genetischen Material der Eukaryoten Verstecken spielen ließen). Sie bilden gemeinsam mit den Bakterien
die andere Gruppe von "Organismen", die schwierig zu definieren ist. Im Bezug auf ihre Beschreibung ist es einfacher: es handelt sich bei ihnen einfach um eine DNA- oder RNA-Kette (ein Nukleinsäuremolekül), verpackt in eine Proteinhülle. Ihren Ursprung erklärt die orthodoxe Wissenschaft als Fragmente genetischen Materials, welche auf "irgendeine Art" aus der Originalzelle ausgetreten sind.Um ein "Flüchtling" zu sein, besitzt das Virus aber einige allzu "heimelige" Eigenschaften. Viren wachsen weder, noch ernähren sie sich. Und sie können nur existieren, wenn sie sich in das Genom der Wirtszelle integrieren, die Fragmente ihres genetischen Materials und die Proteine der Wirtszelle zu ihrer Replikation benutzen und sie anschließend wiederum andere Zellen

infizieren. Hierbei werden die Wirtszellen gelegentlich soweit verändert, daß sie davon Schaden nehmen.
Die absolut besondere Eigenschaft ist, daß Retroviren, das sind RNA-Viren, wenn sie sich einmal in der Zelle befinden, sich zu DNA transkribieren, diese sich in das Wirtsgenom einbaut, wo sie beginnt, ihre korrespondierenden Sequenzen zu übersetzen, also ihre eigene genetische Information zu bilden (DNA-Viren integrieren direkt). Durch diese Eigenschaften ermöglichen sie die Behandlungen in der Gentherapie, die darin besteht, Gewebe oder Organe durch Viren, mit passenden Sequenzen modifiziert, zu infizieren, Strukturen also, deren Zellen aufgrund funktioneller Defekte das entsprechende Protein nicht produzieren.
Und dies ist eine andere Eigenart, die ihnen einige sehr spezielle Eigenschaften unter den Lebewesen verleiht. Das genetische Material der Viren akzeptiert Mutationen und Veränderungen mit einer Leichtigkeit, die im Normalfall deren Existenz keineswegs beeinträchtigt. Die neue Nukleotidkombination bestimmt einfach ihre eigene Replikation.
Hier ist zu erkennen, daß diese zwei Eigenschaften, vom Standpunkt der orthodoxen Evolutionstheorie wiederum schwierig zu erklären, dazu entworfen scheinen, um komplexe genetische Sequenzen in die Organismen einzubringen (Fig. 7).
So interpretierte dies 1982 der gälische Astronom Sir Alfred Hoyle: ein "lebendes Beispiel für Tradition in der Wissenschaftsgeschichte, wonach das Interesse für eine innovative Hypothese sich direkt proportional zu der Aggressivität, die die Verteidigungseinrichtungen der dominierenden Mentalität provoziert, verhält."
Die Beobachtung der gewaltigen und abrupten Sprünge im Fossilbeleg und die Organisationsunterschiede innerhalb der "Kladen", unter denen man eine Abfolge in den paläontologischen Schichten feststellen kann, wie es bei Reptilien und Säugetiere der Fall ist, Veränderungen also, die Modifikationen komplexer genetischer Sequenzen beinhalten, brachte ihn zu der Schlußfolgerung, daß eine mögliche Erklärungsform dieser Phänomene die Integration von Gensequenzen viraler Herkunft ins Genom der vorhin erwähnten Organismen ist (16).
Es war die Herkunft dieser besagten Viren, warum seine Hypothese die Ablehnung durch die orthodoxen Wissenschaftler fand, da sie sicherlich nicht in ihrem Fundament durch den Mechanismus der geforderten biologischen Variation begründet ist, definitiv in einem Ersetzen der Punktmutation (des Basenaustausches) durch eine Veränderung ganzer Sequenzen. Seine Bedeutung liegt im Hintergrundmotiv: nach Hoyle wären die Viren vom Weltraum gekommen, von Meteoriten transportiert, die in unterschiedlichen Mengen und Größen während der gesamten Erdgeschichte auf diese gefallen sind und noch fallen.

Nach dieser Theorie wäre das Leben nicht ein isoliertes Phänomen, zufällig und einzigartig auf der Welt, wie das alle orthodoxen (und anthropozentrischen) Theorien beschlossen haben. Es würde sich um ein weitläufigeres Phänomen handeln, dem Universum inhärent, und dies würde dem Ganzen einen finalistischen, lamarckistischen und damit verwerflichen Aspekt verleihen.
Wie würde sich dieser Prozeß vollziehen? Nach Hoyle befindet sich die Erde permanent in einen Halo von Mikroorganismen eingehüllt, herausgelöst durch Kometen, die sich häufig der Sonne nähern. Diese könnten sanft zur Erde fallen, wobei die Atmosphäre deren Fall aufgrund ihrer kleinen Ausmaße dämpfen könnte.
Obwohl die Anwesenheit von Mikroorganismen im Raum nicht vollständig gezeigt und die Beweisführung Hoyles indirekt vollzogen wurde (zum Beispiel durch virale Simultaninfektionen in Populationen ohne Kontakt), ist die Hypothese, basierend auf den wenigen Möglichkeiten des spontanen Ursprungs von genetischem Material, wie bereits erwähnt, beachtenswert, weil, nach ihm, dadurch die abrupten Sprünge und Veränderungen in der tierischen und pflanzlichen Organisation auf folgende Weise erklärbar würden: die Viren würden "die Zellen infizieren". Gelegentlich wäre diese Infektion nicht pathogen, sondern

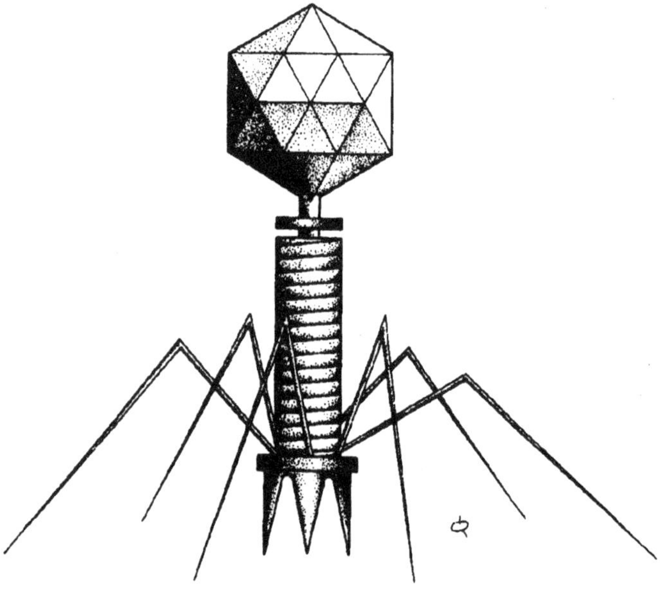

Figur 7: Obwohl man die Bakteriophagen des Typs T nicht als repräsentativen Prototyp für Viren betrachten kann, haben wir sie hier mit einer böswilligen Absicht angeführt: Ihr Eindruck erweckt bei Geistern, die sich vor dem Unerklärlichen nicht durch Vorsichtsmaßregeln einschränken lassen, die phantastischsten Spekulationen.

sie würden sich einfach an das genetische Material der Pflanze oder des Tieres anfügen, wodurch auf diese Weise eine neue Gengruppe für den eventuellen Gebrauch verfügbar würde.
Das große Interesse an dieser Hypothese besteht in ihrer Erklärungskapazität nicht nur gegenüber den abrupten Sprüngen in der genetischen Information, sondern auch der Form des Erwerbes von Genen oder Gengruppen mit neuer Information. Konsequenzen solcher Vorgänge sind wahrscheinlicher, als Resultate, die man durch einfache Kopierfehler in Form von Punktmutationen erhalten würde. Das Problem taucht auf zu der Stunde, in der man zustimmt, daß die in den Viren enthaltene Information einen Sinn haben muß, als biologische Entität, gleichsam als "Subklassen" (Untereinheiten) des Lebensvorgangs.
Jedoch nicht allein das, es würde auch ein anderes großes Evolutionsproblem, welches zuvor angenommen wurde, erklären. Die Infektion zahlreicher Gruppen von Tieren oder Pflanzen durch Viren würde das simultane Erscheinen neuer Eigenschaften ermöglichen, eine unerläßliche Vorbedingung für das Weiterbestehen (gegenüber einer Mutation in einem einzigen Individuum, dessen Probleme in dieser Hinsicht ja bereits erwähnt wurden).
Für die Evolutionstheorie, so wie man sie zur Zeit mehrheitlich auffaßt, erweisen sich diese zwei Erklärungen offensichtlich als verwerflich. Jedoch viele der jüngst aus verschiedensten Disziplinen angesammelten Kenntnisse manifestieren Tatsachen, die, obwohl noch isoliert, einen Teil des selben Phänomens bilden und derartige Hypothesen immer kräftiger unterstützen.
Die Daten, die nun in den folgenden Kapiteln dargestellt werden, sind vereinfacht, unvollständig und vielleicht zuweilen mit nicht ganz stichhaltigen Argumenten versehen. Aber die Absicht dieser Revision ist es nicht, in diesen wenigen Seiten ein so umfassendes Problem wie das der Evolution des Lebens aufzuklären. Eher geht es darum, eine Zusammenfassung disperser Informationen, die aus verschiedenen Wissensgebieten stammen, sich aber im evolutiven Kontext wieder zusammenfügen, aufzulisten, die als Grundlage dienen können, auf der die in diesen Zweigen neu gewonnenen Daten, in wachsender Zahl zur teilweisen oder gesamten Unterstützung oder Widerlegung der zitierten Hypothese verwendet werden können.
Mit dem Ziel einer besser geordneten Darstellung stelle ich die Daten in Unterteilungen dar, die sich auf die Wissenschaftszweige beziehen, denen sie entstammen, und zwar mehr oder weniger umfassend, je nach Forschungsfeld, - ohne jedoch zu vergessen, daß alle diese Gebiete in einen gemeinsamen Vorgang eingebunden sind.

4 Astronomische Aspekte

Der Überfluß organischer Materie, die im Kosmos verteilt ist, stellt heute eine bekannte Tatsache dar. Die irdischen Radioteleskope und Infrarotspektrometer der Raumsonden, wie etwas der nordamerikanischen Viking oder Galileo oder der europäischen Giotto, haben organische Verbindungen, die sich weitläufig im gesamten Solarsytem befinden, identifiziert. Die Marsmonde Phobos und Deimos, die man als in dessen Orbita gefangene Asteroiden betrachtet, sind mit einer Schicht aus organischem Material überzogen, ebenso Titan, der gigantische Satellit des Saturns, auf dem man die Existenz von Nukleotidbasen, polyzyklischen aromatischen Kohlenwasserstoffen und variablen Reihe von Aminosäuren festgestellt hat. Aber weiter weg vom interstellaren Staub hat man zu komplexen organischen Molekülen korrespondierende Wellenlängen empfangen: bis dato mehr als 50, einige sind einfach, wie Kohlenwasserstoffe, Amine, Alkohole und Nitrile, aber andere besitzen lange Kohlenstoffketten des Typs $H_nC_{11}N$, und sogar enger mit lebender Materie verbunden, wie H_2CO_6, den Hexosen zugehörige Monosaccharide. Sogar der Halley'sche Komet, dessen Staubwolke, die ihn umgibt, 1986 von der Raumsonde Giotto durchkreuzt wurde, erwies seinen Kern als aus bis zu 25% organischer Materie bestehend. Diese weiten indirekten Spuren jedoch beweisen nicht die Existenz lebender Materie, sie zeigen nur an, daß deren Komponenten im Weltraum existieren. Jedoch gibt es direktere Daten, die bis zur Erde kommen. Die jüngst auf die Erde gefallenen Meteoriten konnten studiert werden und wiesen verschiedene Kohlenwasserstoffverbindungen auf, wie etwa Aminosäuren, Nukleotidbasen und abgesehen davon in einigen Fällen möglicherweise Spuren von Mikroorganismen (16).

Die Ankunft dieser lebender Mikroorganismen an Bord eines Asteroiden konnte man bis heute nicht explizit zeigen. Die Überlebensfähigkeit der DNA im Raum wäre sehr unwahrscheinlich, da ja große Dosen von Röntgenstrahlen kosmischen Ursprungs sie zerstören würde. Es gibt jedoch einen überraschenden Fall: Das Bakterium *Micrococcus radiophilus* erträgt ein enormes Bombardement von Röntgenstrahlen, millionenfach höher, als dies auf der Erde seit dem Ursprung des Lebens existiert hat. Dieser Beschuß führt zu einer Produktion von ungefähr 10 000 Brüchen in der DNA, aber das Bakterium kann diese enorme Beschädigung reparieren und weiterleben. Wie erklärt sich diese "Adaptation" seitens der konventionellen Biologie?

Zusätzliche Daten liefern die T-Phagen mit ihren perfekt ikosaedrischen Hüllen. Man konnte zeigen, daß sie kristallisieren können, was sie dazu befähigt, unbegrenzt lange in Felsformationen eingeschlossen zu sein, bis zu ihrer eventuellen Fragmentierung oder Erosion.

4.1 Extinktionen und Explosionen

Wie lassen sich all diese Fakten mit dem Evolutionsprozeß verbinden? Unser Solarsystem vollzieht annähernd alle 250 Mio. Jahre eine Rotation um das Zentrum der Galaxie (die Milchstrasse). Während dieser Rotation ergibt sich kontinuierlich eine oszillatorische Bewegung von einer zur anderen Seite der Ebene der Galaxis, und zwar mit einer Periodizität von ungefähr 67 Mio. Jahren, das bedeutet, daß die galaktische Ebene alle 33+/- 3 Mio. Jahre durchschritten wird (Fig. 8). Die Grenze der galaktischen Scheibe wird von einem interstellaren Wolkenring gebildet, in einigen Fällen durch enorme Materiekonzentration konzentriert. Der periodische Schritt durch diese Wolke könnte ein Destabilisierung der Gravitation eines Teiles von Kometen verursachen, die auf kreisförmigen Bahnen um unser Sonnensystem lokalisiert sind (zwischen denen sich die sogenannte Oort'sche Wolke befindet). Diese Destabilisierung könnte Kometenregen in verschiedenen Mengen und Größen provozieren, die unser System durchziehen (29).

Die Effekte dieser periodischen Kometenregen müßten nicht immer gleich sein. In einigen Fällen könnten große Asteroiden die Nähe der Erde streifen und derartige Gravitationseffekte, wie zum Beispiel magnetische Polsprünge, provozieren. In anderen Fällen käme es nur zu einem Regen kleiner Körper und manchmal zu großen Einflüssen, wie durch die Studien von L. und W. Alvarez bekannt ist, was klar mit der Extinktion am Ende der Kreidezeit in Zusammenhang zu bringen ist (30). Der Regen dieser Körper entstünde nicht plötzlich. Er könnte sporadisch bis zu 10 Mio. Jahre dauern. Das Studium der gesammelten Datierungen der Krater, die durch Einschläge auf die Erde entstanden sind, ermöglicht eine Berechnung, nach der alle 31 +/-1 Mio. Jahre derartige Meteoritenregen aufgetreten sind. Diese Information stimmt mit den von David Raup und T. Septoski erhaltenen Daten überein, die in einer Studie von 567 Familien mariner Organismen nachgewiesen hatten, daß es in den letzten 250 Mio. Jahren alle 26 Mio. Jahre zu Extinktionen im Ausmaß von zumindest 2% der Familien gekommen ist. Für Rampino und Stotherd mußten es zumindest 10% der Familien gewesen sein, die verschwanden, um als massive Extinktion betrachtet zu werden und sie ermittelten eine Periodizität von 30 +/- 1 Mio. Jahren.

Die Gründe, die man gewöhnlicherweise als für diese Extinktionen verantwortlich anführt, sind die bekannten klimatischen Veränderungen, als Resultate des

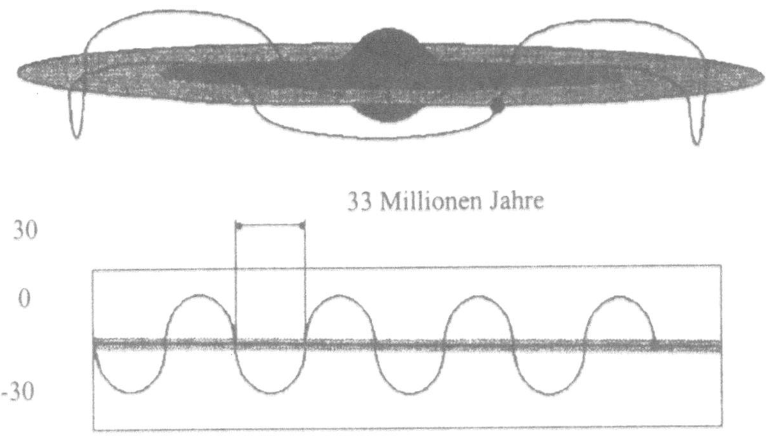

Figur 8: Unsere Galaxis, die Milchstrasse, hat eine scheibenförmige Gestalt. Die Sterne und Wolken interstellaren Gases sind innerhalb der Galaxis verschiedenen oszillatorischen Bewegungen unterworfen, die scheinbar mit ihrer Entstehung zusammenhängen. Die Sonne, die sich im galaktischen Randbereich befindet, oszilliert quasiperiodisch, so daß sie die "galaktische Ebene" ungefähr alle 33 Millionen Jahre durchschreitet. Die Destabilisierungen der Gravitationskräfte, die das Gleichgewicht zwischen den verschiedene interstellaren Körpern aufrecht erhalten und ihre Wechselwirkungen mit anderen Körpern können deren periodische Niederschläge in unserem Solarsystem bewirken.

Einschlages eines großem Asteroiden, wie vorher erwähnt, in die das Aussterben der Dinosaurier verwickelt zu sein scheint.

Aber nicht immer müßte es zu solchen Einschlägen kommen und außerdem existieren selektive Extinktionen, nicht generelle also, wie die bereits erwähnten, die sich nicht auf klimatische Veränderungen zurückführen lassen, die aber ebenso alle Wesen eines Ökosystems beeinflußten, marine wie terrestrische. Diese Beobachtung führte zu der Erklärung, daß irgendein Typ von Epidemie involviert gewesen sein muß.

Innerhalb unserer Hypothese würden die Viren, von den Meteoriten transportiert, effektiv diese periodischen und selektiven Extinktionen erklären. Sie könnten aber auch die Vorgänge, die wir im nächsten Kapitel analysieren werden, verständlich machen.

5 Paläontologische Aspekte

Wenn man die Evolution der Lebewesen aus globaler Sicht im Fossilbeleg beobachtet, springen einem zwei Aspekte klar ins Auge, die - mit den logischen Ausnahmen - den Eindruck vollkommen systematischer Vorgänge vermitteln: Der erste wurde bereits von Cuvier im 18. Jhdt. hervorgehoben, nämlich die scharfen Übergänge zwischen den Faunen, die deutlich in den aufeinanderfolgenden Schichten zu verfolgen sind.

Der zweite Aspekt, ebenfalls eine abrupte Erscheinung, die verschiedenen Organisationstypen, die während mehr oder weniger langer Zeit mit geringer Variabilität in Form einer "Residualfauna" oder einer "Minderheit" zugehörig beibehalten werden, um später eine Explosion bezüglich der Zahl und Diversität zu erfahren und schließlich in die dominierende und für diese Periode charakteristische Fauna überzugehen.

Diese zwei Beobachtungen sind offensichtlich eine Vereinfachung sehr komplexer Vorgänge und auch nicht uneingeschränkt auf alle Stämme der Tiere und Pflanzen anwendbar. Evidenterweise gilt diese Tendenz nicht direkt für viele marine Evertebraten, für die Arthropoden im Allgemeinen, und die Insekten im Speziellen.

Die Existenz von Evolutionstendenzen in Richtung einer höheren Komplexität anzunehmen, hat so angesehene Autoren wie S. J. Gould dazu gebracht, festzustellen , daß "wir uns im Zeitalter der Bakterien befinden. Dies war es seit dem Anfang und das wird es für immer sein". Aber wenn man diese Aussage schon nicht leugnen kann, so ist dennoch gewiß, daß es eine Zeit gab, in der nur Bakterien vorkamen und andere mit Bakterien und Evertebraten, mit diesen zwei Gruppen und Fischen, andere Zeiten mit diesen drei Gruppen und Amphibien... und schließlich, der Mensch, der letzte, der angekommen ist.

Aber es ist mehr: Die Beobachtungen dieser Explosionsphänomene von Gould und Eldredge in Zahl und Vielfalt der Arten, gefolgt von langen Zeiträumen der "Stasis", können ebenso auf dem Niveau der großen "Kladen", der tierischen Organisationstypen, nachvollzogen werden. Die kladistische Schule, die sich an phylogenetischen Studien orientiert - und sich nicht auf dem fruchtlosen Versuch begründet, dem genealogischen Baum konkreter Arten zu folgen, sondern dem Studium taxonomischer Gruppen (31), - hat ein dem Konzept des "punktuellen Gleichgewichts" (vorgeschlagen durch Gould und Eldredge) ähnliches Phänomen an den Tag gebracht: ein plötzliches Erscheinen von großer

taxonomischer Varietät (Genera, Ordnungen, Familien..) und deren Bestehen (mit geringer Variation) durch lange Zeit. Man kann dieses Phänomen auch auf schematische Art, durch das sukzessive Auftreten der taxonomischen Kategorien, die man als Klassen kennt, veranschaulichen (Fische, Amphibien, Reptilien, Säugetiere).
Nach der sogenannten "kambrischen Explosion" kam es zu einem enormen Aussterben, wodurch Tausende Arten ihr Ende fanden (aber alle aktuellen Stämme blieben weiterhin vertreten). Im folgenden Abschnitt, dem Ordovicium, ist die Fauna eine neue. Die Abkömmlinge der großen kambrischen Gruppen differenzieren sich, bis sie das Dreifache der Varietät erreichen: Cephalopoden, Seeigel, Korallen, Crustaceen, Würmer,... Aber innerhalb der erkennbaren Lebensformen in der aktuellen Fauna gibt es schon einen neuen Typ. Es ist *Atraspis*, ein Kieferloser. der erste bekannte Vorläufer der Fische (Fig. 9). Man kennt keine Übergangsformen. Der Anfang des Silurs ist durch eine andere große Extinktion gekennzeichnet, die den Formenreichtum des Ordovicium bis auf einige wenige Arten reduziert. Aber die Fische erreichen eine große Diversität und Fähigkeit als Schwimmer. Diese Zeit war eine Epoche der Experimente für die Pflanzen, die Formen von Binsen an den Ufern zum Vorschein brachten, die aber mit ihren Wurzeln noch am Grunde des Wassers verankert waren.
Der Schritt zwischen dem Silur und dem Devon ist durch eine der wenigen Faunenveränderungen gekennzeichnet, in der man nicht ein großes Aussterben zuvor verzeichnen konnte. Die Vielfalt der Fische erreichte im Devon ein Maximum. Was aber den Anfang dieser Epoche markiert, ist die Eroberung des Festlandes durch die Pflanzen. Das Devon endete vor 367 Mio. Jahren mit einem großen Aussterben, von dem viele Tiere betroffen waren, die damals noch ausnehmlich Meeresbewohner waren, vor allem aber Ammoniten, Trilobiten, Gastropoden und Fische. Als das Carbon beginnt, ist die Erde von einer enormen Vielzahl von Evertebraten besiedelt: Spinnen, Skorpione, Schnecken und Würmer, die sich zwischen den ersten Bäumen umherbewegten. Und unter jenen auch die ersten Amphibien, die zu Ende des Devon erschienen waren. *Ichtyostega* zeigte in seiner allgemeinen Ansicht gewisse Reminiszenzen seiner Vorläufer, der Fische. Aber er verfügte bereits über große anatomische Veränderungen, die den Schritt vom schwimmenden Leben im Wasser zur Fortbewegung auf dem Festland ermöglichten. Er besaß Gelenke in den Extremitäten, die perfekt geformt waren und kräftige gewinkelte Rippen an einer soliden Wirbelsäule, die fähig war, das gesamte Körpergewicht mittels robuster Bekken- und Bruststrukturen zu tragen. Obwohl man den Ursprung der Extremitäten und damit den Gang auf dem Festland in den Brustflossen primitiver Sarcopterygier sehen wollte, die, wie bei den rezenten Formen, es ihnen gestatteten, sich im Morast fortzuschleppen, hätte eine so große und umfassende Veränderung all dieser Strukturen Übergangsformen im Fossilbeleg hinterlassen

müssen. Aber es gibt sie nicht. Die Amphibienreste des Devons sind allesamt *Ichtyostega* sehr ähnlich, wie etwa *Acanthostega* aus Grönland, *Turlepeton* aus Rußland oder *Metaxynanthus* aus Australien.

Im Carbon differenzierten sich die Pflanzen und nahmen an Größe zu, bis zu einer Höhe von 40 m. Es tauchten enorme Steppen von Riesenfarnen auf, Koniferen und die heute ausgestorbenen Cordaiten, allesamt Gymnospermen. Auch die ersten geflügelten Insekten erschienen, so plötzlich wie die Amphibien. Und sie waren schon äußerst gute Flieger; es gab Libellen mit einer Flügelspannweite von mehr als einem Meter.

Die primitiven Amphibien, die die Extinktion des Devons überlebten, differenzierten sich und breiteten sich explosiv über die gesamte Erde aus, die aus drei Superkontinenten gebildet wurde. Gondwana, in der Südhemisphäre, Laurasia, in der Äquatorzone und Siberia im Norden.

Zu Beginn des Carbons erscheinen die Reptilien auf genauso plötzliche Art und Weise. Der morphologische Übergang zwischen Amphibium und Reptil ist scheinbar einfach. Aber die Unabhängigkeit vom Wasser erfordert

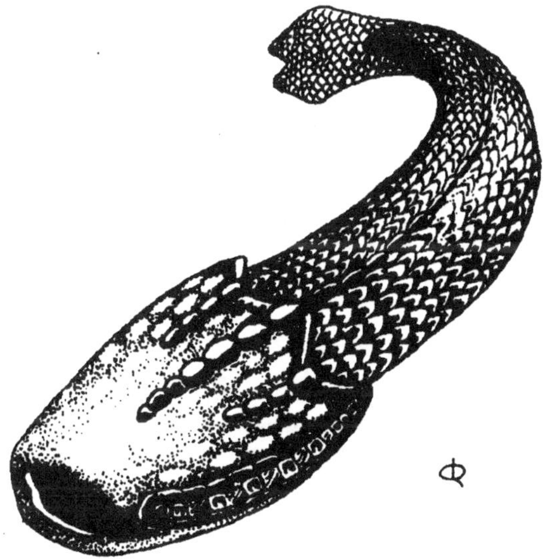

Figur 9: Die Fische erschienen plötzlich im Fossilbeleg. Auf dem Niveau des Ordoviciums in Süd- und Nordamerika und Australien findet man sie in geringer Zahl in der Fauna und mit geringer Größe (sie erreichten kaum 20 cm). Aber ihre Anatomie hatte bereits alle wichtigen Charakteristika der Organisation "Fisch". *Atraspis* aus Nordamerika hatte eine Reihe von Kiemenspalten hinter einigen klar identifizierbaren Augen.

Umstellungen, die als gradueller Prozeß schwierig nachzuvollziehen sind. Sie werden aber im nächsten Kapitel analysiert.
Die ersten Reptilien waren klein. Die Mikrosaurier waren etwa den Eidechsen von 10 bis 15 cm Größe vergleichbar und blieben bis zum Ende des Carbons als kleine Residualfauna erhalten, in einer Welt, die von Amphibien dominiert wurde (Fig. 10).
Vor 268 Mio. Jahren begann das Perm. Die Superkontinente begannen sich zusammenzufügen, um einen einzigen zu formen: Pangea. Der rasche Niedergang der Amphibien könnte in diesem Fall aufgrund der Austrocknung durch das Klima verursacht worden sein, wie es die Effekte in der Pflanzenwelt enthüllen, die ihre Varietät auf die Hälfte reduzierte. Diese Bedingungen förderten den plötzlichen Aufstieg der Reptilien. Die kleinen und uniformen Mikrosaurier waren ein Schritt zu einer vielfältigen Formenreihe, mit Adaptationen an alle möglichen ökologischen Nischen: aquatische wie *Mesosaurus*, Segler wie *Coelosaurus*, Pflanzenfresser wie *Moschorus*, Fleischfresser wie *Dimetrodon*. Diese zwei letzten zählen zu der Gruppe der Therapsiden, die in ihrer Schädelstruktur schon überraschende Ähnlichkeiten mit den Säugern hatten, aber mit einem kleinen Reptiliengehirn. Deshalb nennt man sie auch "säugerähnliche Reptilien".

Figur 10: Bis vor kurzem datierte man das Erscheinen der Reptilien mit dem späten Carbon, 1988 entdeckte S. Wood ein Reptilienfossil in den schottischen Lagern bei East Kirkton, zugehörig zu den Anfängen des Carbons vor 35 Mio. Jahren. Man nannte es Westlothiana lizziae. Die ersten Reptilien waren länglich mit einem kleineren Kopf, im Verhältnis zu den Amphibien, etwa so wie die rezenten Eidechsen, mit leichten Skeletten und sehr langen Phalangen.

Das Perm - und mit ihm das Paläozoikum (das alte Leben) - endete mit dem katastrophalsten Massensterben, das je auf der Erde stattgefunden hat. 75% der Reptilien- und Amphibienfamilien verschwanden und die Hälfte der Familien mariner Organismen. Die ersten Conodonten hatten die Größe eines Hundes, *Procynosudrus* und *Thrinaxodon*. Ihr Gebiß wies bereits die Differenzierung in Schneide-, Eck-, und Mahlzähne auf und man nimmt auch an, daß es schon

endotherme, also gleichwarme Tiere gab. Aber die Trias, die vor 245 - 208 Mio. Jahren begann, war das Zeitalter der Reptilienradiation, welche damit das absolute Dominat auf der Erde antraten, charakteristisch für das Mesozoikum. Ihre Größe nahm zu und sie besiedelten mit großem Erfolg alle Nischen. Besonders vielfältig und sprunghaft war das Auftreten der aquatischen Reptilien, vor allem der Ichtyosaurier, das klassische Evolutionsbeispiel für konvergente Entwicklung gemeinsam mit den Haien und Delphinen. Es erscheinen auch neue marine Lebensformen, die Hexakorallen, die Austern und eine besonders spektakuläre, die Schildkröten: *Proganochelys*, die älteste bekannte Form. Mit ihnen erscheint eine gesamte Ordnung, die Chelonier. Ihre anatomische Organisation, streng definiert, läßt uns an eine lange Vorgeschichte denken, aber bis heute hat sich ihr Vorgänger nicht finden lassen.
Das Ende der Trias wird durch zumindest zwei aufeinanderfolgende und durch etwa 20 Mio. Jahren getrennte Extinktionen angegeben. Vor ungefähr 250 Mio. Jahren ereignete sich eine große Katastrophe, die den größten Teil der terrestrischen Reptilien, die bis dato dominiert hatten, vernichtete. Die wenigen Überlebenden bildeten den Ursprung der Dinosaurier. Das zweite Aussterben, das den Beginn der Jura markiert, betraf vor allem die marine Fauna, geprägt durch Verluste ganzer Familien von Fischen, Seelilien, Seeigeln und Moostierchen... Und zur selben Zeit erschienen die Säugetiere, anscheinend in Form von kleinen nachtaktiven Räubern, die 150 Mio. Jahre in der Welt der Dinosaurier überlebten. Die erste bekannte Gruppe der Säugetiere war die Morganucodonten, von der Größe einer Ratte. Sie tauchen genau an der Grenze zwischen Trias und Jura auf. Überraschenderweise waren in der frühen Jura die drei großen Hauptlinien der Säugetiere bereits etabliert: Multituberculata, Monotremata und Theria (Marsupialia und Placentalia).
Die Jura war die Zeit der Expansion der Dinosaurier, aber ihre enorme Diversität läßt sich als Antwort auf Variationen über ein bestimmtes Thema verstehen. Studien der Kladistik zeigten, daß die Dinosaurier nur eine Klade bildeten und daß deren Organisationsähnlichkeit nicht auf ein Konvergenzphänomen zurückzuführen ist, wie man zuvor glaubte. Sie lassen sich auf real existierende Verbindungen zurückführen. Die Eroberung eines, biomechanisch betrachtet, derart "unlogischen" Mediums wie der Luft durch die Vertebraten, geschah erstmalig durch die Pterosaurier, die ebenfalls an der Wende Trias-Jura als etwa möwengroße Individuen auftauchten. Der durchschlagende Erfolg jedoch vollzog sich am Ende der Jura. In den Fundstellen bei Solnhofen, Bayern, in 150 Mio. Jahre alten Ablagerungen fand man 1860 *Archäopteryx*, den großen Stern der gradualistischen Paläontologie. Taubengroß zeigte er Basismerkmale der Dinosaurier, Wirbel, die in einen Schwanz mündeten, nicht pneumatische Zähne und Knochen und zusätzlich ein Schlüsselbein, ein Schambein sowie Vogelfedern. Der graduelle Ursprung von Vogelfedern ist nach wie vor schwierig zu

erklären. Der Flügel von *Archäopteryx* ist in seinem Wesen dem eines modernen Vogels gleich, obwohl man ihn wegen seiner allgemeinenAnatomie mit kleinen Dinosauriern (Theropoden aus der frühen Kreidezeit) in Verbindung gebracht hatte, die mögliche Sequenz jedoch ist nichterklärt. Sein hypothetischer intermediärer Vorgänger hatte keine Spuren hinterlassen (Fig.11).

Die Kreidezeit (144 - 65 Mio. Jahre) war der letzte Abschnitt des Mesozoikum. Es begann wieder (wie sollte es anders sein) mit einem großen Aussterben, das vor allem marine Wirbellose, Ammoniten, Belemniten, einige Dinosaurierfamilien und auch Gymnospermen betraf. Es ist ebenso der Anfang der Blütenpflanzen.

Die Angiospermen existieren seit 130 Mio. Jahren. Fossiler Pollen, genannt *Clavatipollenites*, aus dem Südosten Englands, bestätigt uns das. Ihre Verbreitung war explosiv. Aus einem Zeitraum von 120 bis 100 Mio. Jahren gibt es in den Lagerstätten von Nordamerika, Rußland und Israel reichlich verschiedene Typen von Pollen und Blättern. In der frühen Kreide, gemeinsam mit der neuen Radiation der Nachkommen derjenigen Dinosaurier, welche das Aussterben am Ende der Jura überlebten, erschienen verschiedene differenzierte Gruppen von Multituberculaten, Monotremen und Theriern, die eine Vielfalt von kleinen Säugetieren bildeten. Sie waren so klein, daß sie nicht einmal die Größe einer Katze übertrafen.

Das berühmte massive Aussterben, mit dem die Kreidezeit und damit das Mesozoikum endete, löschte endgültig die Dinosaurier aus. Aber wie schon zuvor bei anderen Extinktionen verschwanden auch viele Gruppen von Säugetieren, darunter einige Experimente wie *Sivaterium*, das keine Nachkommen hinterließ.

Das Ende der Kreide wird klar mit einem Einschlag von zumindest einem großen Asteroiden in Zusammenhang gebracht (und auch weitläufig anerkannt), einem Asteroiden, von dem man einen Durchmesser von nicht weniger als 10 km errechnet hat. Das Massensterben, das darauf jedoch folgte, war - absolut betrachtet - geringer, als viele zuvor. Es verschwanden die Dinosaurier, marine Reptilien, verschiedene Vogelfamilien und viele Säugetiere, vor allem Beuteltiere. Das Aussterben im Meer war ebenfalls selektiv. Einige Fischfamilien waren davon betroffen, Mollusken, Ammoniten, Belemniten und viele Planktonorganismen ebenfalls.

Obwohl es Anzeichen einer globalen Abkühlung gibt, als Konsequenz der Staubwolke, die durch den Einschlag in die hohen Schichten der Atmosphäre aufgewirbelt wurde, ist dies sicherlich nicht die einzige Erklärung.

Mit dem Paläozän beginnt das Neozoikum, vor ungefähr 66 bis 57 Mio. Jahren, das genau das darstellt, was sein Name suggeriert: die Ära des rezenten Lebens. Und diese Qualifikation, von den ersten Geologen und Paläontologen begründet, ist absolut gerechtfertigt. Wenn auch die Säugetiere, die über die tropische

Figur 11: Archäopteryx wird als Beispiel für Mosaikevolution betrachtet. Diese Namensgebung deutet eine mögliche Vermischung von ursprünglichen und fortgeschrittenen Eigenschaften an (Eigenschaften also seiner Vorgänger und seiner Nachkommen). Jedenfalls ist der Eindruck, den seine Entwicklung macht, alles andere als der einer graduellen Veränderung. Abgesehen davon, hat man noch nicht die geringste Spur eines intermediären Vorgängers gefunden (einer Übergangsform, für die man einen langen Zeitraum bräuchte), denn seine offensichtliche Eignung zum Flieger, unterstützt durch perfekt geformte Ruder- und Steuerfedern, welche sich durch ihre detaillierten Abdrücke genau studieren ließen, lassen sich wohl schwer erklären als wären sie mit einer "möglichen" Absicht der Isolation graduell aus der Schuppe hervorgegangen.

und subtropische Steppe, die sich bis zu den Polarzonen erstreckte, verteilt waren, immer noch eine geringe Größe hatten, ziemlich uniform und wahrscheinlich Baumbewohner waren, so erschienen bald alle bedeutenden und heutzutage bekannten Formen. Natürlich gab es manche, die keine Nachkommen hinterlassen hatten. Aber sogar unter diesen letzten kann man ein kurioses Phänomen beobachten. Die Creodonten, eine Ordnung, die im frühen Paläozän ausgestorben ist, zeigten eine Anatomie wie die der Katze, des Frettchens oder eines Hundes. Selbstverständlich fand man keine direkten Nachfahren, wie man auch keine direkten Vorfahren entdecken konnte, aber gewiß ist, daß in jüngeren Epochen des Paläozäns bereits die großen aktuellen Baupläne der Säugetiere weit verteilt existierten: Huftiere, Raubtiere, Insektenfresser, Zahnlose, Monotremen (eierlegende Säugetiere), Marsupialia (Beuteltiere) Nagetiere und sogar Primaten. Der Rest der Geschichte besteht wieder aus Variationen über das selbe Thema, allerdings mit einem durchbrochenen Gleichgewicht und getrennt durch sprunghafte Übergänge (Fig. 12).

Dieser überstürzte Bericht ist ohne Zweifel eine starke Vereinfachung enorm komplizierter und unvorstellbar langer Vorgänge. Und doch handelt es sich um ein unleugbares Phänomen, welches in offener Weise der graduellen Evolutionstheorie widerspricht. Im paläontologischen Fossilbeleg gibt es keine Etappen der Übergänge zwischen den großen Organisationstypen, weder im tierischen noch im pflanzlichen Bereich (und in vielen Fällen auch auf niedrigerem Niveau) (Fig.13).

Zur Rechtfertigung kann man sich auf den bruchstückhaften Charakter des Fossilbelegs berufen. Dieser jedoch ist jedes Mal kompletter und würde eigentlich die Hoffnung, wenigstens in irgendeinem Falle ein Beispiel anzubieten, enthalten; aber es ist nie aufgetaucht. Sogar die offensichtlichen (und kärglichen) "Beweise" in diesem Sinne, wie es die säugerähnlichen Reptilien und der berühmte *Archäopteryx* sein können, widersprechen nicht nur der hypothetischen graduellen Evolution und dem Zufall, sondern sie vermitteln den Eindruck, daß es einen Typ evolutionärer Veränderung gibt, der das Wirken komplexer Kontrollmechanismen auf diese so drastischen Modifikationen beinhaltet. Doch das ist nicht alles. Es tauchen auch einige "Tendenzen" in diesen Veränderungen auf. (Diese Phänomene pflegt man in der Synthetischen Theorie diffus mit den Begriffen "Mosaikevolution" und "Präadaptation" zu erklären).

5.1 Die Periodizität der Veränderungen und molekulare Uhren

Das Verhältnis zwischen den sprunghaften Veränderungen und den anatomischen Eigenschaften der Lebewesen und den periodischen Niederschlägen von Asteroiden auf die Erde kann nicht als systematischer und unmittelbarer Ablauf gesucht werden. Genausowenig mußten diese Niederschläge mit gleicher Heftigkeit vonstatten gegangen sein. Die Einschläge großer Asteroiden hinterließen nur in einigen Fällen identifizierbare Spuren: Der Krater Maniconagan in

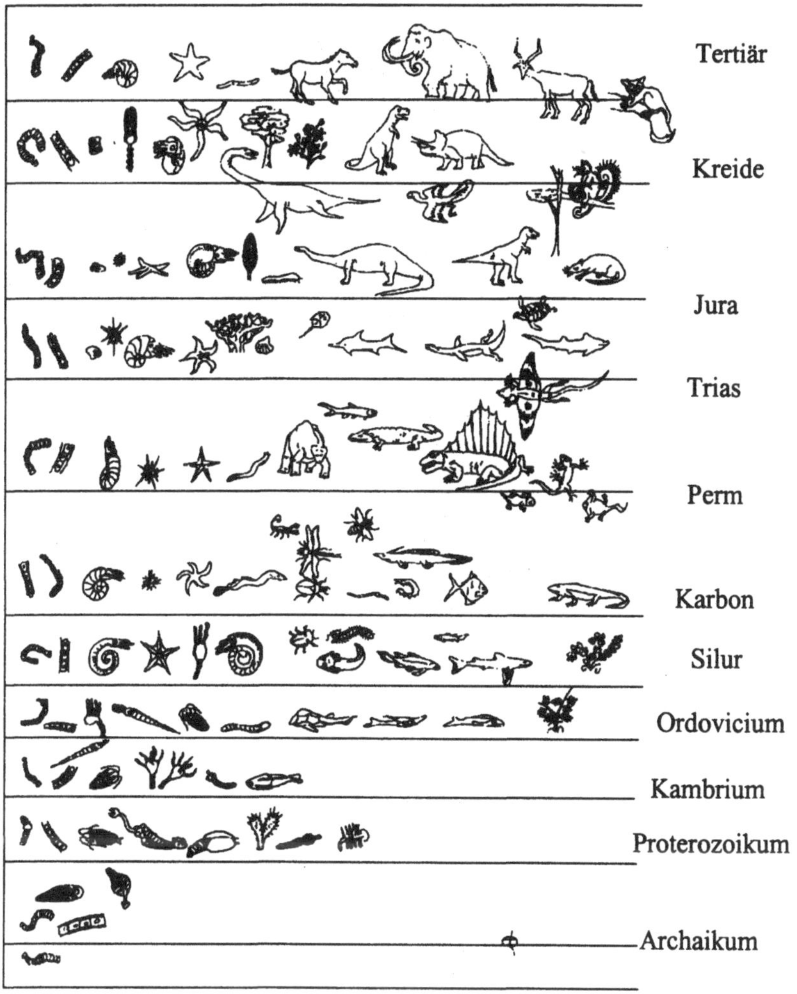

Figur 12: Die Absicht dieser Illustration ist nicht, mit Genauigkeit die Evolution aller Lebensformen abzubilden, sondern ein von den Paläontologen seit langer Zeit beobachtetes Phänomen zu zeigen: Die Lebensformen erfahren drastische Veränderungen in jeder geologischen Periode (gelegentlich sind sie für einen Zeitraum jeweils namensgebend). Die neuen Organisationstypen erscheinen plötzlich und im Allgemeinen nahe an den Übergängen der Erdzeitalter und pflegen als Restfauna zu verharren, bis die neue Epoche deren Expansion zu begünstigen scheint.

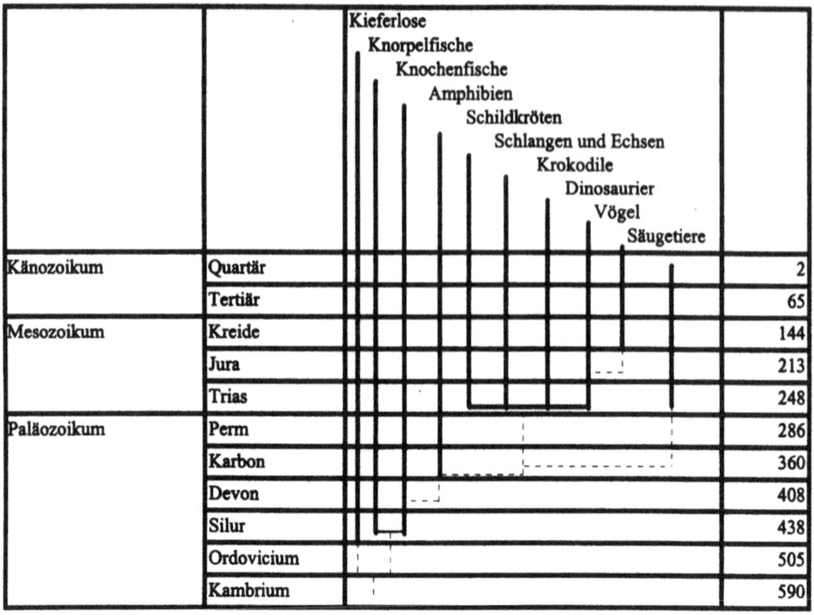

Figur 13: Man beginnt, von den genealogischen Stammbäumen, die so stark mit dem gradualistischen Gedanken verbunden sind, angesichts des offensichtlichen Datenmangels im Bezug auf Übergangsformen und fehlende Bindeglieder, beides hochverehrte Konzepte der Synthetischen Theorie, abzuweichen. Die Übersicht über die großen zoologischen Taxa enthüllt nicht nur keinen graduellen Übergang von einer Form in die andere, sondern zeigt auch, daß, sind sie erst einmal erschienen, sie sich sehr stabil erhalten. Die einzige Ausnahme scheint sich bei den Dinosauriern zu finden. Nichtsdestoweniger sind die Vögel für viele Paläontologen "lebende Dinosaurier".

Kanada mit einem Durchmesser von 70 km, entspricht einem Asteroiden von ungefähr 10 km Durchmesser, der vor ungefähr 21 Mio. Jahren (am Ende der Trias) eingeschlagen ist. Der, der das Ende der Kreidezeit markiert, hinterließ seine Spuren im Golf von Mexiko. In Sibirien befindet sich der Krater Popigai mit mehr als 100 km im Durchmesser, der von einem Asteroiden vor 40 Mio. Jahren gebildet wurde. In Arizona findet man einen anderen von 1,2 km, der vor 50 000 Jahren durch einen Einschlag gebildet wurde ..... .

In vielen Fällen jedoch könnten sich diese Meteoritenregen in geringerem Ausmaß ereignet haben, - kleine Stücke eingeschlossen - oder sogar als kosmischer Staub, wie das gegenwärtig der Fall ist.

Auf jeden Fall würde die Periodizität dieser Vorgänge, deren Ursprung in der Bewegung unseres Solarsystems um die Galaxis zu bestehen scheint, ein innerhalb der Anwendung der konventionellen Evolutionstheorie auf den

Evolutionsprozeß paradoxes Phänomen erklären. Die sogenannten "molekularen Uhren" beruhen auf der Beobachtung, daß sich gewisse Unterschiede in genetischen und biochemischen Markersystemen zwischen verwandten Arten herausgebildet zu haben scheinen (Mutationen erlitten), und zwar regelmäßig zu einer bestimmten Anzahl von Millionen von Jahren, wodurch sie zusammen mit Daten aus dem paläontologischen Fossilbeleg einen Gegensatz liefern. Dies ist ein offener Widerspruch zu einer Theorie, die die Evolution aufgrund punktueller und zufälliger Mutationen erklärt. Niemand jedoch diskutiert diese eigenartige Tatsache, die sich vernünftig an paläontologische Daten über lange Zeiträume anzugleichen scheint.

Wenn diese Hypothese, daß Asteroidenregen der Erde Mikroorganismen als Überträger komplexer Sequenzen mit neuen biologischen Inhalten bringen konnten, richtig ist, dann würde sie einige sprunghafte Organisationsveränderungen, die kein Mensch mittels gradueller und zufälliger Veränderungen erklären kann, rechtfertigen können.

6 Anatomisch-funktionale Aspekte

Seit dem Ursprung der komplexen Organismen selbst, der Metazoa (Vielzeller), sind die Erklärungen durch die Evolutionstheorie, basierend auf zufälligen Vorgängen, die über punktuelle Mutationen wirken, schwierig. Die einfache Ediacarafauna mit ihren komplizierten Strukturen impliziert notwendigerweise einen äußerst umfassenden Mechanismus um eine Reihe von Zellen auszubilden, die unterschiedliche Funktionen erfüllen und koordiniert arbeiten. Unvermeidlich bringt dies Prozesse der Regulation und der Differenzierung mit sich, welche die zelluläre Variabilität und einen embryonalen Mechanismus ermöglichen würden, wie einfach er auch immer sein mag. Die Schwierigkeit einer Erklärung, daß sich ein Prozeß zu derartigen Vorgängen von einer einfachen bakteriellen Vorläuferfauna entspannt - als Resultat der Wirkung einer natürlichen Selektion auf zufällige Mutationen und durch die lange Zeit, die vergangen wäre - ist unbestritten.
Aber es ist noch viel schwieriger, in diesen Begriffen die Fauna des Kambriums zu erklären. Plötzlich aufgetaucht, (im engeren Sinne) nach einer Extinktion, die die vorherige Tierwelt auf ein Minimum reduziert hatte, zeigt sie eine strukturelle Vielfalt, die die malerischsten Theorien rechtfertigte, um sie als "Erfindung der Evolution" zu erklären: das Außenskelett, Muscheln, Strukturen zur Befestigung der Muskulatur, gegliederte Beine, Stachel, Raspelzungen, Bohrorgane, etc.. vielmehr noch die verschiedenen Organisationstypen, sie erfordern eine Komplexität und Koordination genetischer und embryonaler Mechanismen, deutlich höher und ausdifferenzierter als die ihrer Vorgänger, welche man nicht als Milieuadaptation rechtfertigen kann, - obwohl es bedingen würde, daß die unterschiedlichen ökologischen Nischen sehr schnell von dieser überraschenden Fauna besiedelt würden.
Der Schritt zur "Organisation Fisch" erscheint im konventionellen evolutiven Zusammenhang leichter zu erfassen. Eine bewegliche Echinodermenlarve könnte der Ursprung gewesen sein, aber dieses Phänomen, für sich selbst wunderbar genug, erklärt nicht den Ursprung eines Gehirns und eines Rückenmarks, welche durch ein knöchernes Skelett geschützt und vom restlichen Körper isoliert wird als ein Charakteristikum der Wirbeltiere. Zur Zeit gibt es keine Fossilien, die den Übergang dokumentierten, obwohl man - mit wenig Zustimmung - vorgab, sie unter Umständen in den Kalzichordaten finden zu können. Die am schwierigsten zu erklärende anatomische und funktionelle Veränderung

jedoch ist die Besiedelung des Festlandes, die sich zwischen dem Devon und dem Karbon ereignet hat. 90% seiner Geschichte hatte sich das Leben im Wasser vollzogen. Der Schritt vom Wasser auf das Land impliziert so krasse physiologische Modifikationen (Exkretionssystem, Wasser- und Ionenhaushalt Atmungssystem, etc..), sodaß sich die - für eine koordinierte Regulation all dieser Vorgänge - notwendige Verbindung nur durch irgendeine Zielrichtung erklären könnte. Deren Ansammlung durch zufällige Einzelphänomene ist geradezu unwahrscheinlich .
Die Koinzidenz vom Zufall dieser physiologischen Veränderungen mit den entsprechenden notwendigen anatomischen zur Fortbewegung auf der Erde, verringert die Wahrscheinlichkeit beinah auf einen Wert nächst 0. Ohne weitere Zwischenschritte hatten die Amphibien bereits ein Skelett, das perfekt geformt war, um die enormen mechanischen Differenzen, die der Schritt vom Leben im Wasser auf das Land mit sich bringt, zu kompensieren. Eine feste Wirbelsäule, mit der robuste Rippen artikulieren, die die Eingeweide (zuvor frei flottierend im Inneren der Fische) stützen und an die sich widerstandsfähige Schulter- und Beckengürtel anschließen, die imstande sind, die enormen Spannungen, die sich durch den Gang auf Extremitäten mit perfekt geformten Schultern,

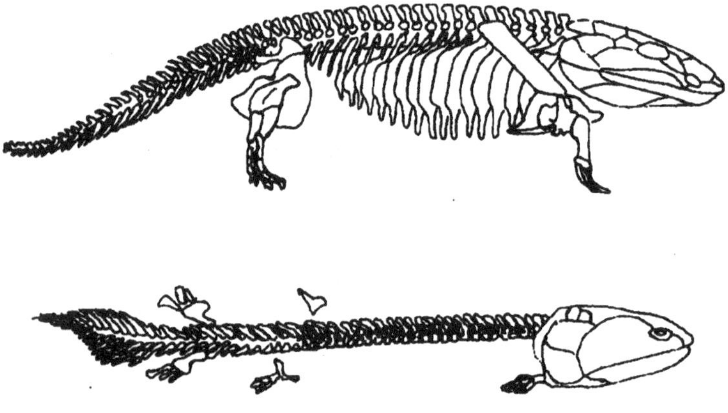

Figur 14: Der Übergang von der Fisch- zur Amphibienorganisation, anatomisch und funktionell, läßt sich leicht simplifiziert erklären. Die aktuellen Xenakanthen (primitive Knorpelfische) und Dipnoi (Lungenfische) besitzen in ihren Brust- und Beckenflossen ein rudimentäres Skelett. Den Schlammspringern erlauben die vorderen Flossen eine Fortbewegung über den Morast und damit weg vom Wasser, was man als Initialschritt des Überganges auffassen könnte. Aber die Transformation dieser Fortbewegungsart in den echten Gang auf dem Festland, mit einem vom Boden abgehobenen Körper, erfordert große und vor allem simultane anatomische und funktionelle Veränderungen, die das Skelett im gesamten erfassen.

Ellbogen und Handgelenken sowie Oberschenkel- Knie- und Fußgelenken, ergeben, zu tragen (Fig. 14).
Welchen Reiz der Umwelt könnte es geben, der diesen enormen evolutiven Sprung aus konventioneller Sicht rechtfertigt? Die Hypothese des Schrittes aus dem Sumpf in Zeiten der Trockenheit, die seit den 50er Jahren anerkannt wird, wurde nicht nur aus Mangel an Beweisen der Trockenzeiten - auf einem Planeten, der zum größten Teil von Wasser bedeckt ist - verworfen, sondern auch, weil solche sporadischen Schritte nicht den Großteil der Adaptationen für das Leben auf festem Boden rechtfertigen. Die einzige Hypothese, die man heute zur Hand hat, ist noch zerbrechlicher als die vorherige: Die Suche nach Ressourcen (Sauerstoff und Nahrung) auf dem Festland. Einigen Tieren, wie es die Vorgänger der Amphibien waren, die perfekt angepaßt waren an die Bewegung im Gewässer, wo es vor Nahrungsstoffen nur so wimmelt, waren sicher durch ihre anfänglich schwerfälligen Bewegungen auf festem Boden nicht gerade Vorteile erwachsen, während ihnen die hohe Sauerstoffkonzentration der Luft große Atemprobleme bereitet haben mußte.
Sicher ist, daß primitive Sarcopterygier in ihren Brustflossen Eigenschaften hatten, die sie in der Zukunft in Extremitäten umwandeln konnten. Aber das zeigt nur, daß es die Basis für einen großen Sprung gab, der sich einzig dadurch erklären kann, weil er der folgende zwangsläufige Schritt in der Evolution des Lebens war.
Die absolute Unabhängigkeit vom wäßrigen Milieu vollzog sich durch das Auftauchen der Reptilien. Die nötigen anatomische Veränderungen scheinen minimal, jedoch gibt es zwei radikale Veränderungen, deren Verbindung ein anderes Mysterium ist. Die Art der Reproduktion und der Mechanismus der Flüssigkeitsregulation. Fische und Amphibien produzieren eine große Menge von Eiern mit permeabler Schale, die dem Embryo, der an einen einfachen Dottersack gebunden ist, die Abgabe von giftigen Stoffen, wie Harnstoff, und den Gasaustausch von Sauerstoff und Kohlendioxid gestattet. Die Eier brechen frühzeitig auf und entlassen eine große Menge an Individuen im Larvenstadium.
Offensichtlich ist dieses System bei terrestrischen Vertebraten unmöglich. Bei den Reptilien werden wenige Eier abgegeben und es gibt kein Larvenstadium. Aber das Ei ist von enormer Komplexität. Die Schale ist selektiv durchlässig und kann so das Verdunsten von internen Flüssigkeiten verhindern. Abgesehen davon tauchen eine Reihe von Membranen auf, die für sehr genau definierte Aufgaben geeignet sind; das Amnion, gefüllt mit Flüssigkeit, bietet dem Embryo mechanischen Schutz, die Dottermembran schließt die Nährstoffe ein, die Allantois, welche die Abfallprodukte empfängt, die vor allem aus Harnsäure anstatt des Harnstoffes besteht, die giftig ist und sich, ins wäßrige Milieu abgegeben, im Wasser auflöst und schließlich das Corion, das die gesamten Strukturen einhüllt (Fig. 15).

Aber die mittels dieser Mechanismen vielleicht am schwierigsten zu erklärende Organisationsveränderung ist der Erwerb der Säugetierorganisation. Der graduelle Übergang vom Eierlegen bis zur Geburt eines voll entwickelten Individuums ist schwer erklärbar. Bzw. ist es vielmehr die Menge der vernetzten Vorgänge, welche diese Neuerwerbung mit sich bringt. Das Erscheinen der drei gegenwärtigen Linien, der Monotremen (Eierleger, wie die Schnabeltiere und Schnabeligel), der Marsupialia (Beuteltiere) und der Placentalia (Plazentatiere), vollzog sich scheinbar gleichzeitig, als Konsequenz einer Radiation, die in der frühen Jura stattgefunden hatte und man beobachtet keine intermediären Schritte eines evolutiven Prozesses, sondern eine gleichzeitige Verästelung. Aber, obwohl sie Repräsentanten von möglichen Übergangsschritten waren, die "Organisation Säugetier" bringt eine Reihe von Bedingungen mit sich, die sich nicht als unabhängig erworben erklären lassen, da die einen von den anderen abhängen.
Die Plazenta ist ein ausgesprochen effizientes Mittel für die Versorgung mit Nahrungsmitteln und zum metabolischen Austausch, der den Säugetieren einen komplexen Stoffwechsel ermöglicht. Einerseits hat der schnelle Beitrag von Nahrungsstoffen eine direkte Verbindung zur Entwicklung des Gehirns (was man im Vergleich von Plazentatieren mit Monotremen und Beuteltieren zeigen kann), wodurch eine effizientere Entwicklung des Gehirns, das ein

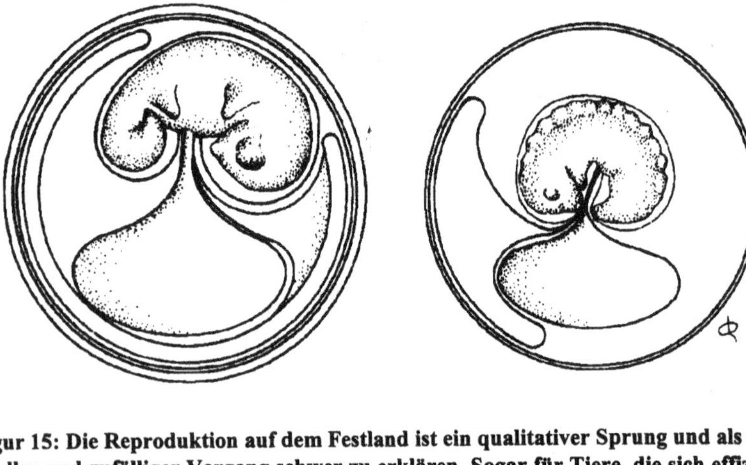

Figur 15: Die Reproduktion auf dem Festland ist ein qualitativer Sprung und als gradueller und zufälliger Vorgang schwer zu erklären. Sogar für Tiere, die sich effizient auf der Erde fortbewegen können, wie die Amphibien, besitzt die Ablage der Eier im Wasser physiologische und funktionelle Vorteile, so daß es schwierig ist zu verstehen, welche Art von Umweltreiz die "Anfangsschritte" begünstigte, damit sich simultan die interne Befruchtung und die Fähigkeit des Eis, auf der trockenen Erde zu überleben, ereignete.

komplexeres Nervensystem steuert, entsteht, was ihnen wiederum eine höhere Geschwindigkeit und Bewegungskoordination erlaubt. Dies wird andererseits, dank der Modifikationen im Skelett (ein beweglicherer Schultergürtel als bei den Reptilien, eine *Spina dorsalis* und ein flexibleres Knöchelgelenk), und dank der thermischen Regulationsmechanismen bei einer hohen Stoffwechselrate erreicht. All das ist mit Fähigkeiten verbunden, deren Erscheinen absolut unerklärlich ist; die nötigen physiologischen und metabolischen Veränderungen, die der Mutter erlauben, einen Fremdkörper innerhalb ihres Körpers und

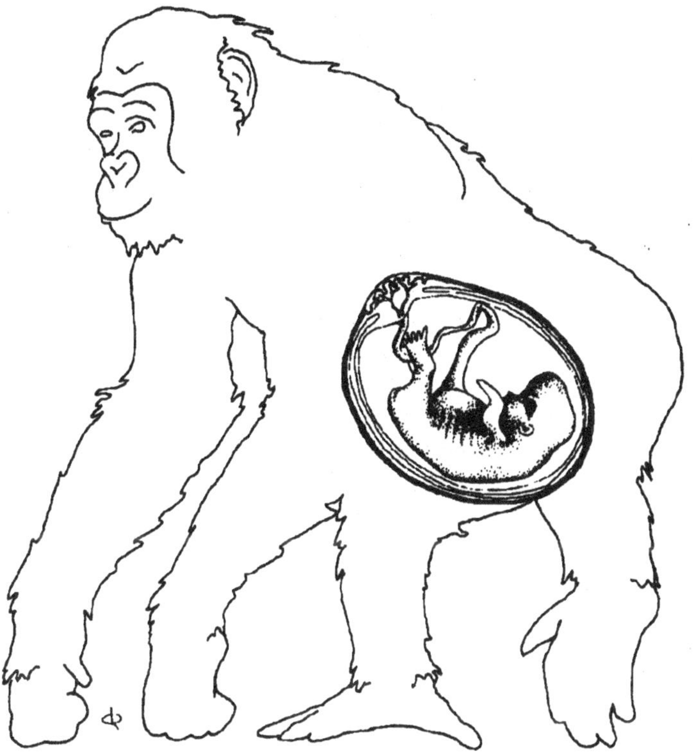

Figur 16: Der Übergang zwischen der anatomischen Organisation der Reptilien und der Säuger scheint im Fossilbeleg zu zeigen, daß Kandidaten der Reptilien, die Cynodontier, in ihrem Skelett gewisse intermediäre morphologische Eigenschaften haben. Aufgrund indirekter Daten läßt sich das Erwerben von Eigenschaften wie Homoiothermie und sogar die Behaarung während des Reptilienstatus spekulieren. Aber der Schritt der oviparen Reproduktion und dem komplizierten, gefährlichen (und eigentlich absurden im Vergleich zur Effizienz der Eiablage) System der Säugetiere, ist in konventionellen evolutiven Begriffen schwierig zu erklären.

im engsten Kontakt mit ihr auszutragen, sowie, diese Tatsache im Zusammenhang mit der Stillzeit, also der Fähigkeit der Mutter, die Nahrung für ihren Nachwuchs selbst zu erzeugen (Fig. 16).
Die Versuche, die Gesamtheit dieser komplexen (und neuen) vernetzten Vorgänge als Resultat der Natürlichen Selektion zu erklären, die auf kleine "richtungslose" Mutationen wirkt, führen zu rhetorischen und unbeständigen Argumenten. Die "Verpflichtung", eine Tendenz zu höherer Komplexität der Organisation zu negieren, führt zur Behauptung, daß "ein komplexeres Gehirn nicht eine geeignetere Adaptation sei, als zum Beispiel eine erhöhte Anzahl von Beinen " (worauf man antworten könnte, daß es in einigen Fällen möglich ist, je nachdem, wie man sein Gehirn benutzt). Man kann aber nicht leugnen, daß die Progression von den ersten Vielzellern mit einigen wenigen unterscheidbaren Zelltypen und einem diffusen Nervensystem bis zu den Säugetieren mit mehr als 200 differenzierten Zelltypen in komplizierten Organen und Funktionen und einem so effektiven und komplexen Gehirn klar und deutlich die Komplexitätsschichten durchschreitet. Diese Tatsache hat sicherlich eine interessante Nebenbedeutung vom wissenschaftlich-methodologischen Standpunkt: Die mißbräuchliche Verwendung von Fliegen (*Drosophila*) und Fadenwürmern (Nematoden wie *Caenorhabditis*) wird augenscheinlich, wenn ihre genetischen Systeme auf den Rest des Tierreichs extrapoliert werden, oder genauso die Verwendung von Farnen, um die gesamte pflanzliche Biodiversität zu verstehen. Die wachsende organische Komplexität, die sich während des gesamten evolutiven Prozesses beobachten läßt, kann man nicht als Resultat unterschiedlicher Kombinationen des selben genetischen Materials erklären. Es ist nötig, neue Elemente, neue Information hinzuzunehmen.

7 Embryologische Aspekte

Die Implikation der Embryonalentwicklung in der biologischen Evolution ist offensichtlich. Die Ontogenese ist de facto der Mechanismus, durch den sich die verschiedenen Hauptorganisationen der Organismen entwickeln, so wie etwa die Gewebe und die Organe.

Aber seit E. Haeckel 1874 sein "Biogenetisches Grundgesetz" publizierte, wonach die Ontogenese die Rekapitulation der Phylogenese darstellt, und die Phylogenese den Motor der Ontogenese, ist die Rolle des Vorgangs der Embryonalentwicklung in der Evolution doch eher marginal geblieben. Ein Grund dafür ist möglicherweise, daß man zeigen konnte, daß, als anfängliche Embryonalstadien verschiedener Tiere (Fische, Reptilien, Vögel und Säugetiere) beobachtet wurden, die nach Haeckel identisch waren, diese Ähnlichkeiten forciert wurden, vor allem die zwischen Fischen und Reptilien. Dies führte zu dem Schluß, daß, wenn auch eine gewisse Ähnlichkeit existierte, diese rein oberflächlich war, und man schließlich zu einer anerkannten und korrekten Formulierung bezüglich des Verhältnisses zwischen Ontogenie und Phylogenie kam, sodaß Darstand im Jahre 1922 die Äußerung hervorbrachte: "die Ontogenie rekapituliert die Phylogenie nicht nur, sie erschafft sie".

Die großen Erfolge der Molekularbiologie, die man in den letzten Jahren verzeichnet hat, richteten die Ziele auf die Suche nach den genetischen Mechanismen, die für die individuellen Eigenschaften und Variationen verantwortlich sind und haben die komplexen ontogenetischen Prozesse, durch die sich die Information des genetischen Programms verwirklicht, beiseite gelassen. Die Schlußfolgerungen beziehen sich vom Gen direkt zum Organismus. Eine Vereinfachung, die in den jüngsten "wissenschaftlichen Entdeckungen" so hoch bewertet und durch die Massenmedien verbreitet wird. Die Entdeckung des "Gens" der Homosexualität oder des "Gens" der Spielsucht oder des "Gens" der Widerspenstigkeit (was uns unmittelbar zu den "Genen" der Notare und den "Genen" der Hals-Nasen-Ohrenspezialisten führen wird) ohne im Auge zu haben, wie enorm und kompliziert die Interdependenz der biologischen, kulturellen und sozialen Phänomene sind, die zu bestimmten Verhaltensformen führen.

Nichtsdestoweniger hat einer der Zweige der Molekularbiologie wieder den Weg der Forschung auf dem Gebiete der ontogenetischen Mechanismen und deren Verhältnis zu den genetischen aufgenommen. Die Entwicklungsgenetik zeigte ein genetisches Regulationssystem der Obstfliege *Drosophila melanogaster* auf. Vor der Differenzierung wirken Polaritätsgene und steuern die Körperachsen (anterior-posterior, dorso-ventral..). Die Gene für die Segmentierung kontrollieren die Segmentbildung, 6 Kopfsegmente, 3 Thoracal- und 8 Abdominalsegmente. Die homöotischen Gene verleihen jedem Segment ihre eigene Struktur und sind in zwei Komplexen angeordnet: Antennapedia und Bithorax. Das zweite Thoraxsegment z.B. besitzt ein Paar Beine und ein Paar Flügel. Im dritten gibt es anstelle der Flügel Halteren oder Schwingkölbchen (Fig.17). Nun gibt es ein Regulatorsystem für die Entwicklung, welches die Expression der Gene in verschiedene Strukturen ändert, ohne notwendigerweise die genetische Information zu verändern. Man beweist das dadurch, indem man eine bestimmte Gengruppe des dritten Segments frühzeitig deaktiviert und daraufhin zwei Flügel anstatt der Halteren gebildet werden (32).

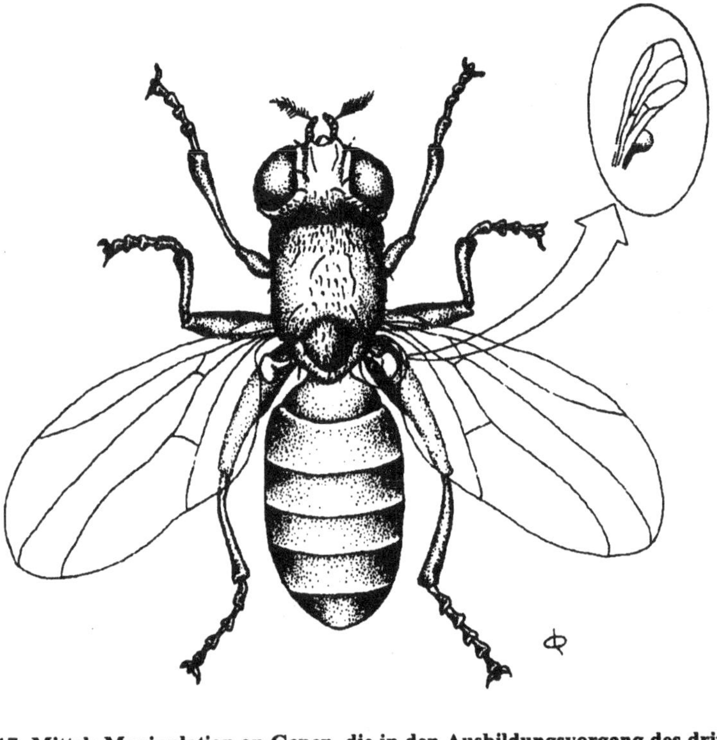

Figur 17: Mittels Manipulation an Genen, die in den Ausbildungsvorgang des dritten Thoracalsegmentes bei *Drosophila* eingebunden sind, gelang es, ein Flügelfragment und die Anlage eines Gleichgewichtorgans zu bilden. Dies zeigt nicht nur die Unmöglichkeit, eines graduellen Überganges zwischen einer Struktur und der anderen, sondern weist auch darauf hin, daß aktivierte Gene ausschließlich die eine oder die andere Struktur auszubilden vermögen.

Die evolutive Bedeutung dieses Phänomens könnte sein, daß diese Gene, seitdem der Vorläufer der Zweiflügler, der Dipteren, *Drosophila* seine Verwendung vor circa 200 Mio. Jahren verlor, deaktiviert worden sind.
Aber vielleicht wäre es effektiver, nicht in einem Seitenzweig der Evolutionskette zu verweilen und zum Prinzip zurückzukehren: die Primaten teilen mit dem Rest der Säugetiere die Mechanismen, die die Bildung der Plazenta, die Milchdrüsen, die Behaarung und die Geburt lebenden Nachwuchses determinieren. Mit diesen und dem Rest der Amnioten, welche Vögel und Reptilien miteinschließen, haben wir die Mechanismen, die das Überleben außerhalb des Wassers ermöglichen gemein, wie die interne Befruchtung sowie Systeme der osmotischen Balance und des Wasserhaushaltes. Mit den Amphibien und Fischen, die die Linie der Vertebraten komplettieren, das Innenskelett, welches auch Strukturen des Nervensystem schützt, die Bilateralsymmetrie und mit den Evertebraten differenzierte Zellen mit ihren Organellen, den Stoffwechsel mit seinen unterschiedlichen genetischen "Instruktionen" und schließlich mit den Bakterien die haploide DNA der Gameten und den Mechanismen der Expressionsregulation.
Die sexuelle Fortpflanzung, die offensichtlich in die Wurzeln der Metazoen gereiht wird, als Quelle der genetischen und daher auch zellulären Variabilität, besitzt seit ihrem Ursprung einen sehr gut ausgearbeiteten Mechanismus: eine kleine Gruppe von Zellen wird vom Rest des Körpers getrennt aufbewahrt, dessen Zellen einander kontinuierlich durch Teilung ersetzen, wodurch "Kopierfehler" wahrscheinlicher werden. Die Sexualzellen, die sich mit viel geringerer Frequenz teilen, erhalten sich auf diese Weise den Schutz der genetische Information.
Wenn man den Ursprung der eukaryotischen Zelle zugibt, wie es als Resultat einer Aggregation zweier oder mehrerer Bakterien klar etabliert scheint, ist es nicht schwierig, sich die Bakterien mit ihrer haploiden DNA und ihrer anregenden Morphologie als Ursprung der Befruchtung vorzustellen. Als Konsequenz und aufgrund purer Logik müssen sie auch der Ursprung der Vielzelligkeit und deshalb der differenzierten Zellen sein. Lassen wir uns die Konsequenzen betrachten: 1990 veröffentlichten Ch. Devillers, J. Charline und B. Laurin eine hervorragende Arbeit, in der sie das Studium der in Vergessenheit geratenen ontogenetischen Entwicklung zurückforderten, um es in Zusammenhang mit dem Verständnis evolutiver Vorgänge zu bringen (33). Ihre Daten, wegen der neodarwinistischen Genetiker offensichtlich in der Gegenwart an den Rand gedrängt, bieten einige Schlußfolgerungen von enormer Scharfsinnigkeit für das Verständnis des evolutiven Vorgangs.
Eine davon ist von sehr allgemeinem Charakter und schließt auf irgendeine Weise an die Daten des vorherigen Kapitels an. Sie sagt, daß die Vorgänge der Ontogenie im Allgemeinen sehr begrenzt sind, aber daß es welche gibt, die

"quasi inmutabel" sind, im Besonderen "zeigen die ersten Stadien immense Begrenzungen und sind evolutiv betrachtet konservativ". Es ist möglich, daß sie sich seit dem Ursprung der sexuellen Fortpflanzung nicht verändert haben.
Die Annahmen der Synthetischen Theorie, wonach in der biologischen Variation ein Genom von linearer Organisation auftritt, dessen Gene von der Evolutionsgenetik in der Berechnung als voneinander unabhängig betrachtet werden können, würden jedem Genom eine beinah unbegrenzte Variationskapazität zugestehen. "Eine allgegenwärtige Natürliche Selektion würde diese oder jene genetische Variante oder Kombination akzeptieren oder ablehnen und das "evolutive Schicksal" der Organismen bestimmen. Das Leben der Spezies in Raum und Zeit würde sich als eine permanente Lotterie präsentieren und mit der Zeit wäre alles möglich". Für die Autoren "ist dies ein untragbarer Reduktionismus. Es sind nicht alle genetischen Verwirklichungen möglich. Es gibt eine begrenzte Zahl phänotypischer Umsetzung für jeden Organisationsplan".
Das Genom scheint jetzt wie "ein organisiertes System, in hierarchische und funktionelle und miteinander vernetzte Schichten gegliedert". Das Gen ist nicht mehr ein "freies Individuum" (das verachtenswerte egoistische Gen), um sich als Mitglied in eine Gemeinschaft zu integrieren, deren Korrekturmechanismen ihre "Variationsgeschwindigkeit" bestimmen, innerhalb möglicher und unmöglicher Variationen. "Die Wege, denen die Entwicklung folgt, haben Eigenschaften, die fähig sind, die phänotypischen Rückwirkungen bestimmter genetischer Varianten "aufzuhalten" und sie innerhalb der Grenzen der Spezies beizubehalten; noch wissen wir nicht die Abweichungen in der Entwicklung zu einer Spezies oder zu einer anderen".
Nichtsdestoweniger beinhaltet die Stabilität dieser Wege nicht, daß sie unabsetzbar wären. Daß die Natürliche Selektion auf die Lebewesen eingewirkt hat, ist evident, aber nur auf bestimmte Eigenschaften in Endstadien der Embryonalentwicklung, deren Starrheit sich in dem Maße verringert, als sie sich von den "beinah inmutablen" Anfangsschritten entfernt, welche z.b. die Allgemeinorganisation (Symmetrien, Achsen) betreffen, bis hin zu späteren "offeneren" Entwicklungsstadien, die für Veränderungen geringerer Entität empfänglich sind.
Das Beispiel der initialen Regulationssysteme von *Drosophila* ist sehr illustrativ: die selektiven Gene zeigen eine "Begrenzung" durch binäre Alternativen; ein System der Entwicklungsregulation kann einen Flügel oder ein Schwingkölbchen produzieren, ohne die Möglichkeit intermediärer Etappen.
Die Schlußbetrachtungen im zitierten Artikel sind äußerst anregend: auf höherem Niveau "könnte es zwischen unterschiedlichen Organisationsebenen eine Kommunikation geben, z.b. zwischen der Vogel- oder der Säugerkonstruktion; die Divergenz ab dem ancestralen Reptilienstatus könnte mit einer binären Option vergleichbar sein. Daher die Frage: Haben diese intermediären Formen, so oft verloren und auch sehnsüchtig verlangt, immer existiert? Ist es nicht in

vielen Fällen die pure Frucht der Vorstellung, die imprägniert ist von der Notwendigkeit kontinuierlicher Serien?" Diese Prozesse haben ohne Zweifel eine enorme Rolle in der evolutionären Veränderung gespielt: "die Diskontinuität wäre nicht zufällig, gebunden an Dokumentationslücken, sondern fundamental an die evolutive Mechanik anzufügen". Die Autoren schließen den Artikel mit einem Satz, der für den Leser dieser Arbeit nicht neu sein wird: "es ist allein durch ein zusätzliches Maß an Zeit, die vergeht, nicht alles möglich".
Von allen Perspektiven gestatten die Daten eine Ansammlung von Argumenten, die gegen die Synthetische Theorie der Evolution sprechen. Die Hypothese der "plötzlichen Veränderungen" in der Evolution erlangt jedes Mal mehr Konsistenz, aber zur gleichen Zeit stellt es sich als immer schwieriger heraus, den Ursprung des genetischen Mechanismus dieser so komplexen interdependenten Phänomene zu erklären.

8 Genetische Aspekte

In dem Maße, in dem sich die Kenntnisse über Struktur und Organisation des genetischen Materials erweitern, wird die Relation zwischen diesen und der Selektion als Fundament und Motor der Evolution schwieriger. Die neuen Einsichten führen zu widersprüchlichen Interpretationen, welche oft entsprechend ihrer Übereinstimmung mit dem Dogma der Selektion, die auf zufällige Mutationen wirkt, erledigt werden.
Aber sie würden noch schwieriger zu interpretieren sein, falls die besagten Interpretationen, anstatt sich auf strukturelle, biochemische Eigenschaften oder auf die Proteine zu beschränken, für welche die Gene kodieren, auf adulte Individuen übersetzt werden müßten, die zur Reproduktion fähig sind. Dies wäre, worauf die besagte Natürliche Selektion einwirkte.
Unter allen eukaryotischen Organismen gibt es eine enorme Variabilität in der Größe des Genoms. Eine Variabilität, die weder mit der Komplexität der Organismen zu tun hat, noch mit der Zahl der Gene, die für bestimmte Proteine kodieren. Der Salamander *Triturus cristatus* z.B. hat sechsmal mehr DNA als der Mensch. Aber beziehen wir uns auf die "aktive" DNA, so ist die Zahl der Gene im Menschen 10x größer, als bei *Drosophila* und allein die Gene, die die Funktionen unseres Gehirns kontrollieren, sind das Dreifache (Fig. 18).
Diese Unterschiede lassen sich auf verschieden große Anteile repetitiver und nicht kodifizierender DNA zurückführen, die von Organismengruppen zu Organismengruppen variieren (beim Menschen berechnet man 90% des Genoms). Dieser besondere Typ genetischen Materials wird durch Satelliten und Mikrosatelliten-DNA (das sind repetitive Sequenzen im Tandem) gebildet, und durch transportable Elemente, eine disperse Form von repetitiven Sequenzen, die zusätzlich noch im Genom beweglich sind, viele von ihnen autoreplikativ.
Aus der Sicht der Synthetischen Theorie rechtfertigt sich deren Existenz als Demonstration des Agierens "egoistischer DNA" (von dunklem Ursprung), die "dank ihrer Fähigkeit, sich im Genom zu replizieren" erhalten bleibt (34). Dafür fassen die Modelle der Populationsgenetik in ihren immer schwierigeren Gleichungen zusammen, daß diese Elemente "nicht funktional" sind, das bedeutet neutral oder leicht letal. Die Substitutionen dieser Nukleotidbasen in diesen Sequenzen haben "selektiv neutral" zu sein. Die Erklärung dafür, daß sie nicht zu exzessiver Größe heranwachsen ist, daß es irgendeine Art von Selektion geben muß, die diesem unbegrenzten Wachstum entgegenwirkt. Man schlug einen

A

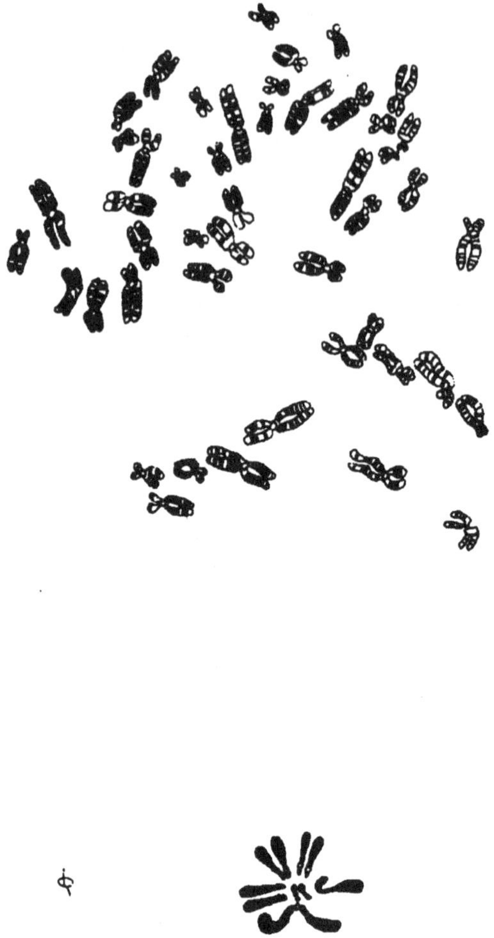

B

Figur 18: Die Tatsache, daß in einem Salamander ein großes Verhältnis an repetitiver DNA im Vergleich zum Menschen vorliegt, ist ein Indiz dafür, wie wenig wahrscheinlich die Hypothese ist, daß die höhere Komplexität eine Konsequenz der Duplikation primitiver Gene sei und deren spätere Mutation und Kombination. Die Proportion "aktiver" DNA des Menschen (A) zu der von *Drosophila* (B), und seine Relation zu dem enormen Unterschied in der Komplexität von Funktionen, für die sie kodieren, wirft die Notwendigkeit nach neuer genetischer Information auf, die sich nur schwerlich aus verschiedenen Kombinationen des bereits vorher existenten Materials ergibt.

ausschließlich physikalischen Mechanismus vor: die niedrige Zellteilungsrate, welche ein großes Genom bewirken würde, wäre weniger nachteilig in Organismen, die sich langsam entwickeln. Dies würde bewirken, daß Organismen von langsamer Entwicklung größere Mengen repetitiver DNA ansammeln könnten. Aber Phänomene wie die Unterschiede zwischen Menschen und Salamandern oder die enormen Unterschiede in der Genomgröße zwischen nah verwandten Spezies lassen es unwahrscheinlich erscheinen, daß die Wirkung der Natürlichen Selektion in der Erhaltung dieser Sequenzen eine Rolle spielt. De facto hat man eine Evolutionstheorie ausgearbeitet, die dies erklärt, der sog. "molecular drive" (35), in den die Natürliche Selektion nicht eingreift.
Andererseits hat man gewisse Eigenheiten dieses Materials entdeckt, die eine Interpretation im "orthodoxen" Kanon noch mehr komplizieren; zum Beispiel das konstitutive Heterochromatin von *Drosophila*, reich an Satellitensequenzen, welches eine klare biologische Aktivität gezeigt hat: es nimmt am assembling-Vorgang gewisser Proteine teil und erfüllt auch eine aktive Rolle in der Segregation achiasmatischer Chromosomen. Und vor allem ist es ein konstitutiver Teil der Telomeren und Centromeren aller Zellen, wodurch es eine aktive Rolle einer essentiellen Funktion spielt: in der Mitose. Aber abgesehen davon, daß die Teilnahme an einem so fundamentalen Prozeß klar anzeigt, daß die Eigenschaften dieser DNA eine Funktion und einen biologischen "Sinn" haben, ist die "anerkannte" Interpretation ihrer Aktivität die, daß "sie einfach eine Antwort auf die Präsenz im Genom sein kann" (34).
Diese "defensive" Einstellung gegenüber der evolutiven Beteiligung der Eigenschaften repetitiver DNA führt zu allgemeineren Extremen. Die Beobachtung dieser Tatsachen hat einige Wissenschaftler dazu gebracht, ängstlich vorzubringen, daß die repetitiven Sequenzen funktionell wichtig für den sie tragenden Organismus sein könnten und daß sie erhalten bleiben, weil ihre mutagene Fähigkeit der Population längerfristig ein evolutionäres Potential vermittelt (36). Aber die orthodoxe Interpretation (Charles Worth et al.1994) ist, daß diese Aktivitäten eher Konsequenzen als Ursachen der Existenz repetitiver Sequenzen sein können. In einem Artikel, im September 1994 in der Zeitschrift "Nature" publiziert, zeigen die zitierten Autoren, wie die theoretischen und empirischen Berechnungen der Populationsgenetik, basierend auf der Annahme, die repetitive DNA sei "nicht funktionell", und mittels komplizierter Gleichungen und einer Extra-Unterstützung durch stochastische Phänomene, sich einem Evolutionsmodell nähern, in dem diese Sequenzen im Einklang mit der "egoistischen DNA" stehen.
Diese Argumente, die man normalerweise als eine Möglichkeit mehr in der Art, Daten zu interpretieren, akzeptiert, tragen zum größten und unvernünftigsten Paradoxon bei, das sich in modernen Evolutionstheorien ergeben kann: die systematische Gegenposition, der Evolution der Organismen die geringste

Tendenz und noch weniger Finalität (da ja die Evolution zufällig und richtungslos ist, oder zu sein hat) zuzugestehen, führt dazu, daß dieser jene Finalität einer Kombination von Nukleotidbasen, zugestanden wird, die sich sicherlich durch den Zufall so konstituiert hat.

8.1 "Egoistische" Transposons

Aber wie wir in der Fortsetzung sehen werden, statten die biologischen Eigenschaften dieser Elemente sie mit Fähigkeiten aus, die alle Prämissen der verwendeten Formeln in den mathematischen Modellen der Populationsgenetik auflösen. Ein Großteil der dispersen repetitiven DNA besteht aus transportablen Elementen. Das sind Sequenzen, die fähig sind, zu inserieren oder Kopien ihresgleichen in neue Genomstellen einzubauen (eine Veränderung von Eltern zu Kindern läßt sich beobachten). Man hat bewiesen, daß die Insertionen dieser beweglichen Elemente der Grund vieler Mutationen mit phänotypischer Evidenz sind, einige sind beteiligt an der Variation quantitativer Merkmale, andere blockieren die Aktivität benachbarter Gene, wobei sie manchmal Krankheiten produzieren können (Fig. 19).
Diese Elemente, die auch in Pflanzen existieren, hat man in zwei Klassen unterteilt, je nach ihrem Transpositionsmechanismus: die Retro-Elemente bewegen sich mittels Kopien ihrer selbst, die sie durch RNA herstellen, welche nachher eine inverse Transkription durchführt, deren Produkt sich in einen anderen Teil des Genoms integriert.
Unter jenen hat man Retroviren identifiziert, die diese Fähigkeit als Teil ihres Lebenszyklus verwenden, aber auch Sequenzen "mysteriösen Ursprungs", sogenannte Retrotransposons, bei denen von einigen bewiesen werden konnte, daß sie für die bei der inversen Transkription notwendigen Proteine kodieren. Auch existieren andere Retro-Elemente, wie die sogenannten SINE und LINE (kurze und lange inserierte Elemente) bei Säugetieren, von denen später zu sprechen sein wird.
Der andere Typ dieser beweglichen Elemente reinseriert direkt durch DNA-Kopien. Der Transpositionsmechanismus ist in der Mehrheit der Fälle nicht im Detail bekannt. Bei *Drosophila* bewegen sich diese als P-Elemente bezeichneten Strukturen mittels Exzision aus einem Chromosomensegment, und durch Insertion in einer Zone, in der anschließend das komplementäre Element dupliziert wird. Man konnte zeigen (24) daß die P-Transposons von einer Spezies zur anderen übertraten, (von *Drosophila willistoni* zu *Drosophila melanogaster*) und als Vehikel stellte sich die Milbe *Proctolaelaps regalis* heraus, die an beiden parasitierte. Einmal in die DNA integriert, breiteten sich die P-Elemente sehr schnell aus. Man hat viel über die Möglichkeiten diskutiert, ob diese Transposons viralen Ursprungs wären, aber bis heute gibt es wenig direkte

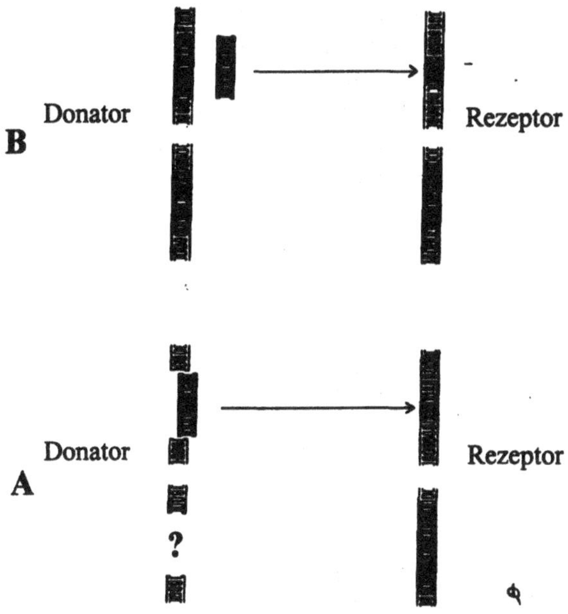

Figur 19: Die Transposons bewegen sich wie physische Einheiten von einem Ort des Chromosoms zum anderen. Es gibt zwei mögliche Mechanismen der Transposition. Die konservative Transposition (A), bei der das "genetisch mobile Element" sich direkt von einem Donator zu einem Rezeptor bewegt. Die Donatorzone kann nachher repariert werden. die replikative Transposition (B) besteht darin, daß sich die Donatorzone in das Transposon kopiert, welches danach im Rezeptor inseriert. Dadurch bleibt die Donatorzone unverändert. Auf diese Art vergrößert sich die Zahl der Kopien der Transposons durch die Transposition.

Beweise, aber man kennt einen klaren Fall eines viralen Transposons, das verschiedene Insektenarten infizierte.

Das fundamentale Problem in der Gegenwart ist es nicht, den Ursprung dieser Elemente mit ihren außergewöhnliche Eigenschaften zu erklären. Das schwierigere Problem ist, ihre reichliche Präsenz und deren Aktivitäten in die konventionellen Evolutionstheorie einzubauen.

Die beweglichen Elemente der zwei erwähnten Klassen existieren z.B. in unterschiedlichen Proportionen in den verschiedenen Organismen, aber in vielen Fällen gibt es keine Verbindung zwischen den Typen der Elemente und der mehr oder weniger großen phylogenetischen Nähe der Wirtsarten. Das veranlaßt uns, zu denken, daß verschiedene Arten beweglicher Elemente während der Evolution sich in verschiedenen Linien vermehrt oder verringert haben. Es gibt auch Indizien dafür, daß es zu vermehrten Übertragungen dieser Elemente zwischen verschiedenen Arten gekommen ist. Besonders die in den Säugetieren

identifizierten Retroviren, deren Eigenschaft als infektiöses Agens ihnen eine "horizontale" Transmission ermöglicht, übertragen sich auf die Nachkommenschaft mittels Insertion in die Keimzellen.
Diese Insertionen können auch Mutationen und Chromosomen-Rearrangements bewirken. Obwohl man glauben möchte, daß die meisten letal wären, hat man beobachtet, daß einige mit wichtigen evolutionären Effekten existieren können. Die Amylase, ein notwendiges Verdauungsenzym für Stärke, wird bei vielen Säugetieren im Pankreas sezerniert. Beim Menschen passiert das auch im Speichel, wodurch die Bandbreite der verwertbaren Lebensmittel erhöht wird. Man hat nun ein Transposon identifiziert, das für die Erweiterung der Genexpression dieses Enzyms verantwortlich ist (24). Man hat sie auch als Ursachen genetischer Deaktivierungen erkannt, die in einigen Fällen sogar pathologische Ausprägungen entfalten (Hämophilie, Neurofibromatosis,..).
Diese augenscheinlich funktionelle Aktivität interpretiert man einfach als Resultat einer "Subversion" der Gastfunktionen durch die parasitäre Anwesenheit dieser beweglichen Elemente (37). Das Genom des Gastes nützt "einfach" die Eigenschaften dieser Elemente für seine eigenen Vorteile.
Sogar wenn man diese etwas "unternehmerische" Erklärung für die Existenz von Elementen anerkennt, die für das Genom nutzbar sind, bleibt jedoch die Frage: Wie erklärt man unter Verwendung der Natürlichen Selektion die Existenz so großer und unterschiedlicher Mengen dieses Materials ohne offensichtliche Nutzbarkeit? Abgesehen von den negativen Effekten dieser Insertionen in der Mehrheit der Fälle müßte allein die "mechanische" Rückwirkung über die Zellteilungsrate diese "nicht kodierenden" Sequenzen aus den Genomen eliminiert haben. Sind sie einfach eine Konzentration triumphierender egoistischer DNA? (38) (eine Art Versammlung alter Schüler einer Eliteuniversität, um sich eine Vorstellung zu machen). Oder erfüllen sie bzw. haben sie eine Funktion erfüllt (eine Residenz Pensionierter, viele von ihnen noch wegen der Dinge "nützlich", die sie zu erzählen haben).

8.2 Die "Müll"-DNA

Das ist noch nicht alles. Die jüngste Entdeckung, daß die "aktiven" Gene in kodifizierende Regionen zusammengefaßt sind (Exons), die von Introns, nicht kodifizierenden Regionen, unterbrochen sind, kompliziert die Interpretation von Struktur und Funktion der DNA in evolutionären Termini noch mehr. Aus mechanistischer Sicht ist die Hypothese der "egoistischen DNA", die Aufgabe der Introns klar: sie sind da, "um" physische Interferenz der für die Proteine kodifizierenden Exons zu verhindern. Jedoch bereits 1982 hatten Thomas R. Cech und Sidney Altman etwas entdeckt, was ihnen den Nobelpreis einbrachte. Sie beobachteten, daß einige Intron-Sequenzen gewisser RNAs enzymatische

Eigenschaften haben, die der RNA während der Transkription gestatten, sich selbst zu schneiden und zu verbinden. In diesem Falle können die Hypothesen über den möglichen Ursprung aufschlußreicher sein als die Spekulationen über deren Funktion. Es existieren zwei Möglichkeiten: die Introns sind alte Gene, die ihre Funktion verloren haben oder sie sind Neuerwerbungen. Ihre evolutive Bedeutung hängt demnach stark davon ab, welche der zwei Möglichkeiten wahrscheinlicher ist.

Um das zu untersuchen, müssen wir zur Betrachtung der ältesten bekannten Organismen zurückkehren: den Bakterien, der Ursprung der eukaryotischen Zellen.

Bis vor kurzem dachte man, das Bakterienchromosom sei eine kontinuierliche Aufreihung funktioneller DNA. Neueste Forschungen jedoch konnten die Existenz von Introns in Archebakterien hervorheben und, zumindest, eines in acht verschiedenen Cyanobakterienarten. Diese Introns unterscheiden sich stark von der autokatalytischen Eigenschaft der eukaryotischen DNA: sie sind in der ribosomalen und Transfer-RNA lokalisiert, also im Material, welches die genetische Information "übersetzt".

Auf den Ursprung von Introns wirft eine neue Entdeckung einiges Licht: in der mitochondrialen DNA des Pilzes *Saccharomyces cerevisiae*, konnte man zeigen (39), daß das Intron aI_2 der Gruppe II in Wirklichkeit ein Retro-Element mit aktiver inverser Transkriptase ist.

Die Anwesenheit von Introns in Bakterien hat eine große evolutive Transzendenz, da sie ebenso bedeuten kann, daß sie vor der Teilung der Zweige der Bakterien und der Eukaryoten erschienen, oder auch, daß sie in diese Teilung involviert gewesen sind. Beim Versuch aufzuklären, welche Alternative wahrscheinlicher ist, erinnern wir uns an gewisse Eigenheiten der Viren und Bakterien.

8.3 Die Transporter genetischer Information

Man betrachtet die Viren als pathogenes Agens, welches die normale Zellaktivität beeinflußt. Wie bereits erwähnt, entschied man sich für die Hypothese des "aus irgendeinem Genom entflohenen Fragmentes genetischen Materials", welches auf "irgendeine Weise" zu einer Hülle kam, die ermöglicht, daß das genetische Material die Zellmembran durchwandert, wobei es sich in die Zell-DNA einbaut, wo es als normales Gen zu agieren imstande ist. Gelegentlich bleibt es inaktiv, ohne die normale Zellfunktion zu beeinflussen, aber manchmal wird es aktiv (häufig durch äußere Einflüsse, wie etwa UV-Strahlen) und es teilt sich, bis es den Tod der Wirtszelle und die Infektion anderer Zellen bewirkt. Die Viren können außerhalb der Zelle bestehen, aber nur in einem inerten Zustand. Eine spezielle Art dieser infektiösen Agentien ist das Retrovirus. Wenn es in die

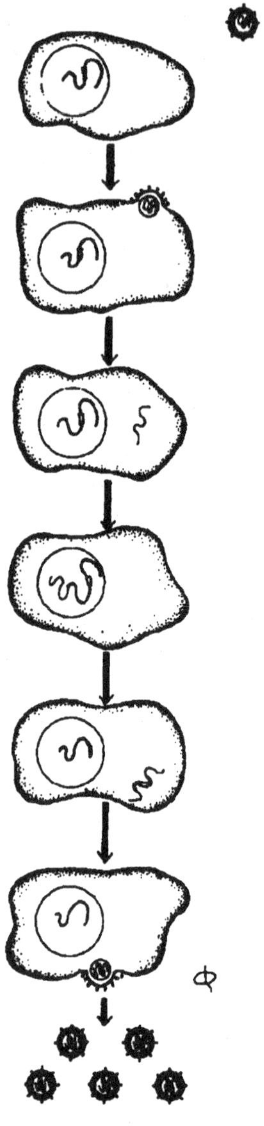

Figur 20: Die biologischen Eigenschaften der Viren, die ihre Integration ins Zellgenom ermöglichen und ihren anschließenden Ausbau, mit einem Teil des fremden genetischen Materials im eigenen Genom eingebaut, könnten einige überraschende evolutive Rückwirkungen haben. Im Falle, daß die besagten DNA-Fragmente die Möglichkeit hätten, sich mit ihrem neuen Wirtsgenom zu vervollständigen, abhängig von der Lokalisation, wo sie inserierten, könnte sich ein Austausch genetischer Information zwischen verschiedenen Spezies vollziehen, was längerfristig zu Homogenisierung ihrer Genome führen könnte.

Wirtszelle eindringt, wird seine RNA durch ein dem Virus eigenes Enzym kopiert (die inverse Transkriptase) und diese Kopie integriert danach in ein Chromosom dieser Zelle, wo sie in einer Form bleibt, die man als Provirus bezeichnet. Das infizierte Individuum kann für Jahre hindurch gesund bleiben, obwohl es in seinem Blut die zum Zeitpunkt der Infektion produzierten Antikörper gegen das Virus mit sich trägt.

Diese Informationen über die Handlungsweise der Viren erlangte man im Studium, speziell der pathologischen Aspekte der Viren, obwohl viele ihrer interessanten und unerklärbaren Eigenheiten große Rückwirkungen auf das Verständnis der Mechanismen von Mikro- und Makroevolution haben können.

Laborexperimente zeigten, daß das genetische Material, die DNA, ein extrem stabiles Verhalten zeigt. Sie kann sich mehr als hundert Millionen Mal replizieren, ohne sich auch nur in einem einzigen ihrer Nukleotide ihrer Ketten zu irren. Diese Eigenheit wird in der Zelle durch außergewöhnliche Reparaturmechanismen von Fehlern durch spezielle Enzyme potenziert.

Die virale RNA variiert (mutiert) bis zu hundert Millionen Mal schneller, als die DNA von Viren. Ein wesentlicher Grund dafür ist, daß das Enzym, welches die Kopie der viralen RNA in DNA-Form kontrolliert, nicht "versteht, die Fehler der Kopie zu korrigieren", wodurch es möglich ist, daß sich in die DNA häufig einige "unexakte" Nukleotide inkorporieren. Wenn man die extreme Stabilität der DNA im Auge behält, läßt es sich denken, daß es sich in diesem Falle um eine äußerst wichtige Mutationsquelle handelt.

Aber zusätzlich gibt es bei den Viren noch andere Quellen der Vielfalt: die viralen Genome können untereinander rekombinieren. Diese Rekombinationen bringen Verluste und Erweiterungen von bestimmten Regionen mit sich, wodurch sprunghaft genetische Veränderungen auftreten können, die weite Bereiche des viralen Genoms betreffen.

Diese Fähigkeit zur genetischen Variation macht sie zu außergewöhnlichen "Transportern" von genetischer Information, deren biologische Eigenschaften jeweils der Variation entspricht: man hat beobachtet, daß sie ihre zelluläre und ihre Gewebespezifität verändern können, und sie können sogar auf dem Niveau der Spezies ihre Spezifität ändern bzw. abschwächen. Wenn wir nun diesen Eigenschaften noch die des "Gefangennehmens" von Genen hinzufügen, könnten die evolutiven Konsequenzen überraschend sein. Ein integriertes Virus kann tatsächlich das Gastgenom verlassen, wobei es ein chromosomales Fragment mitnimmt, und in das Genom der neuen Zelle, die es infiziert, einbaut. Man konnte dies in Fällen von Krebs zeigen, der durch Viren übertragen wurde, die das krebserregende Gen gefangengenommen hatten .

Diese horizontale Transmission von genetischer Information wäre eine Form, die Genome unterschiedlicher Tiergruppen zu homogenisieren (Fig.20). Tatsächlich gibt es Hinweise auf diesen Informationstransfer in Form von

Transposons zwischen Insekten und Plattwürmern (Planarien), die unterschiedlichen Tierstämmen angehören (40).
Im Falle der Varianten des Aids-Virus (ein Retrovirus), zeigte sich überraschenderweise, daß von den zwei bis heute bekannten Typen, HIV-1 und HIV-2, jeder einzelne näher bei den Viren bestimmter Simier steht, als untereinander Verwandtschaft besteht: HIV-1 zum Schimpansen und HIV-2 zu einem Makaken (*Macaca maculata*) und zum sogenannten "grünen Affen" (*Cercocebus atys*). Die Erklärung dieses fremdartigen Phänomens (41) ist durch den Vergleich von Viren, die sich von gesunden Überträgerorganismen in Afrika herleiten lassen und den Viren der Simier (SIV), die bei ihren Wirten keine Krankheiten provozieren, möglich. Scheinbar handelt es sich um Viren, die beim Menschen und bei den Simiern seit langer Zeit bestehen (auch bei vielen anderen Säugetieren) und es waren die menschlichen Aktivitäten, die ihre Expansion und Aktivierung sehr wahrscheinlich begünstigt haben (42).
Allein die Eigenschaften und Verhaltensweisen der Viren geben Anlaß, sie sich als Kandidaten einer wichtigen Rolle in der Evolution zu denken. Aber es gibt noch andere Daten aus der angewandten gentechnologischen Forschung, die diese Möglichkeit unterstützen. Es handelt sich um die geheimnisvolle Welt der Bakterien.

8.4 Die "akzessorischen" Elemente

Die Bakterien (die ersten lebendigen Organismen) haben des öfteren "zusätzliche genetische Elemente" in ihrem Inneren, die der Gentechnik als Träger von Resistenzgenen gegenüber Antibiotika und als Vektoren (Systeme der Informationsübertragung) bekannt und erforscht sind.
Diese Elemente, bekannt als Plasmide, haben (wen würde es wundern?) einen mysteriösen Ursprung und auch Eigenschaften, die man als "extrem lamarckistisch" bezeichnen könnte. Es handelt sich um zirkuläre, doppelstrangige DNA-Moleküle, die sich in der Zelle unabhängig vervielfältigen und übertragen, wenn sich die Zelle teilt. Ihre Eigenschaften sind die eines Virus ohne Proteinkapsel und, genau wie jene, zeigen sie nur innerhalb einer Zelle Aktivität (Fig. 21).
Diese fremdartigen "subzellulären Organismen" können nicht von den Bakterien produziert werden. Sie können nur durch ein Bakterium von einem anderen erworben werden, obwohl man nicht weiß, ob das immer so gewesen ist oder wann sie erworben wurden. Tatsache ist jedoch, daß die Information der Plasmide, die nur 1 bis 2% des Zellgenoms ausmachen, kurioserweise an bakterieller Aktivität teilnehmen, deren Funktion nicht vom Bakterienchromosom kodifiziert wird. Sie ermöglichen ihnen die Assimilation komplexer Substanzen, sie

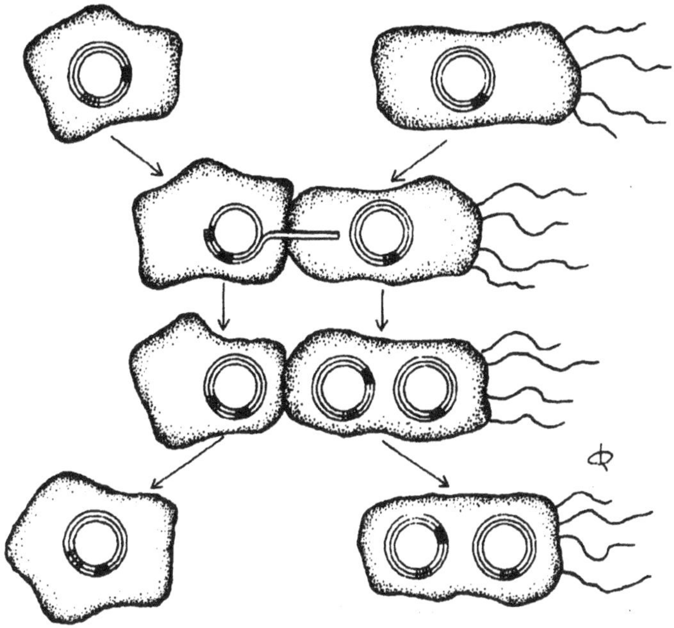

Figur 21: Die Bakterienkonjugation, die man anfänglich als eine "Art sexueller Reproduktion" interpretierte, ist ein Phänomen, das im Lichte neodarwinistischer Theorien nicht nur absolut unerklärlich ist, sondern geradezu widersprüchlich zu ihnen. Die genetische Informationsübertragung - in vielen Fällen essentiell für das Überleben der Rezeptorzelle - ereignet sich sogar zwischen unterschiedlichen Bakteriengattungen. Das bedeutet, es handelt sich hier um eine "Kooperation" innerhalb von Theorien der Konkurrenz. In diesem Falle wird schematisch gezeigt, wie Konjugation zwischen *Escherichia coli* und *Salmonella* stattfindet, bei der ein Tetrazyklinresistenz-Gen transportiert wird.

tragen zur Resistenz gegenüber Giften, darunter diverse Antibiotika, bei und sind die Verursacher verschiedenster pflanzlicher wie tierischer Krankheiten. Aber davon abgesehen enthalten sie die Information, um eine sehr spezielle Aktivität zu entfalten: die Konjugation der Bakterien, die den Plasmidaustausch zwischen verschiedenen Arten, ja sogar zwischen verschiedenen Gattungen ermöglicht (43). Dieser Austausch impliziert die Übertragung genetischer Information von einer Spezies zur anderen "konkurrierenden" Art, was in vielen Fällen der Rezeptorzelle das eigene Überleben möglich macht. Das heißt, wir stehen vor der Existenz einiger erworbener und übertragbarer Eigenschaften, die als Produkt der Natürlichen Selektion unerklärbar sind. Ihre überraschenden Eigenschaften beschränken sich nicht nur auf die Kooperation mit der

Rezeptorzelle. Sie verschaffen ihnen auch neue Eigenschaften. Durch die Forschung über die Implikationen und den Erwerb von Antibiotikaresistenz durch die Bakterien war es möglich zu zeigen, daß es einen Mechanismus gibt, durch den verschiedene Gene akkumuliert werden können.

Die Resistenz für Antibiotika wird von den Plasmiden auf drei verschiedene Arten kontrolliert, je nach deren Charakteristik: die einfachste ist die direkte Zerstörung des Antibiotikums (dies ist der Fall bei Penicillin und Streptomycin), die zweite besteht in der Verhinderung des Zutritts zu ihren Wirkungsorten, wie bei Erythromycin, das sich mit den Ribosomen vereinigt und deren Synthese verzögert (die Plasmide schützen sie, indem sie eine Methylierung der ribosomalen RNA bewirken). Das dritte System besteht darin, daß das für die Antibiotika sensible Enzym ersetzt wird, durch ein anderes mit gleicher Funktion, aber einer erhöhten Widerstandskraft gegenüber diesen Substanzen.

Die Erklärung dieser Phänomene vom evolutiven Standpunkt ist offensichtlich schwer, vor allem, da eine natürliche Resistenz gleichzeitig gegenüber vielen Antibiotika und synthetischen Zusammensetzungen besteht, mit denen sie niemals zuvor in Kontakt stehen konnten. Aber da ist noch eine andere, noch schwieriger zu erklärende Eigenart der Plasmide: die Transposition der Gene. Die Studien über die antibiotischen Resistenzgene führten zur Beobachtung, daß diese sich in einigen genetischen Elementen befanden, die die Fähigkeiten besaßen, sich physisch von einem Ort der DNA in der Zelle zum anderen zu transferieren. Diese Elemente, die Transposons, waren, abgesehen davon, daß sie die Gene für die antibiotische Resistenz brachten, auch verantwortlich für große Rearrangements im genetischen Material der Bakterien, und sogar in eukaryotischen Zellen.

Die Art, neue Gene zu erwerben und die alten neu zu organisieren, um eine genetische Information zu erlangen, die sich den Notwendigkeiten des Wirtes anpaßt, ließ sich mittels der Plasmidklonierung im Experiment herleiten. Wenn man ein Plasmid mit einem Restriktionsenzym verdaut, teilt sich seine DNA in Fragmente mit kohäsiven Enden. Danach behandelt man diese Fragmente mit dem Enzym "DNA-Ligase", und die Fragmente ordnen sich zufällig an und bilden neue Plasmide mit neuen Eigenschaften. Diese neuen Plasmide können große DNA-Segmente gewinnen oder verlieren, ohne daß sie die Lebensfähigkeit verringern. Es aber gibt eine sehr kleine Region in ihrer DNA, bei der sich herausstellt, daß sie alle Funktionen, die die Lebensfähigkeit des Genoms ausmachen, vereint. Wird diese Region betroffen, so ist das Plasmid zerstört, das heißt, es gibt also eine kleine Portion unbeweglicher DNA, (genannt "Replikationsblock", von dem man berechnet hat, daß es nicht mehr als 2000 Basenpaare sind), die fähig ist, bis zu 50 Mal größere Plasmide zu replizieren, als jene.

Definitiv kann man sagen, daß die Charakteristika und Eigenheiten der Viren und ihre "Varietät" in Form von Plasmiden, sowie auch die Evidenz der

funktionalen Beziehung zur DNA der eukaryotischen Zellen sie in eine Hauptrolle (mehr als nur "wahrscheinliche" Protagonisten) in der Evolution des Lebens ab den Bakterien versetzen . Ein möglicher zusätzlicher Beweis dieser Evolution durch sukzessive Aggregation verschiedener genetischer Information - und nicht nur durch Duplikationen und Diversifikationen - ist die ins Auge stechende Konservierung anzestraler genetischer Sequenzen, die man identifizieren und von den Bakterien bis zu den höheren Organismen verfolgen kann. Mehr noch: Man könnte zur abenteuerlichen (und intuitiven) Hypothese gelangen, daß die Besonderheiten der RNA-Viren, mit ihrer Empfänglichkeit für Kopierfehler und ihren Effekten im Rearrangement der Chromosomen, sie verdächtig macht, eine wichtige Beteiligung in mikroevolutiven Prozessen durch kleine Mutationen und chromosomale Rearrangements gehabt zu haben. Auch als mögliche Verursacher der Artenbildung, also der "Variationen über das selbe Thema", könnten sie Verantwortung tragen.
Im Bezug auf die großen und sprunghaften Veränderungen der Organisationstypen, die evidenterweise in der Makroevolution stattgefunden haben, können die DNA-Viren mit ihrer extremen Stabilität und gleichzeitigen Kapazität zur simultanen Infektion von Organismen und Integration in deren Genom eine weniger konstante, aber dafür wichtigere Rolle rechtfertigen.

8.5 Endogene Viren

Um diese - möglicherweise zerbrechliche - Hypothese zu stützen, müßte man diesen viralen Sequenzen das bereits erwähnte Qualifizierende der "Subprogramme" des Lebens zugestehen. Diese Kategorie jedoch, vielleicht ein bißchen prätentiös, könnte sich durch die jüngst erhaltenen Daten Gültigkeit verschaffen.
Gegenwärtig hat man im Genom verschiedener Organismen einige in unterschiedlichen Mengen vertretene DNA-Abschnitte entdeckt, die als "endogene Viren" bezeichnet werden. Es gibt unterschiedliche Gruppen, und die "Mehrheit" betrachtet man als Überbleibsel exogener Viren, welche die verschiedenen Tierarten in der Vergangenheit infiziert hatten und die durch ihre Insertion in Keimzellen endogen geworden sind. Einige davon sind wirkliche "genetische Fossilien", alte Proviren, die verschiedenste Mutationen erlitten haben, obwohl es dennoch möglich ist, sie mit einigen rezenten Retroviren in Verbindung zu bringen. Bis jetzt hat man ganz klar Tausende von Kopien viralen Ursprungs identifiziert, die mehr als 0,5% der gesamten DNA in Säugern und Vögeln ausmachen (44). Das Problem besteht in der DNA viralen Ursprungs, die sich wegen ihrer Divergenz mit der Zeit oder durch ihre Herkunft von unbekannten Viren nicht wiedererkennen läßt. Aber wir behalten die enorme Möglichkeit im

Auge, daß dies der Ursprung zumindest der repetitiven Sequenzen und der transportablen Elemente sein könnte; die Proportionen sind beträchtlich.
Obwohl die Forschung nicht in diesem Sinne interessiert ist (nämlich virale Sequenzen zu identifizieren, die in evolutive Zusammenhänge bedeutsam verstrickt sind), beginnen de facto die Arbeiten im Rahmen pathologischer Eigenschaften rebellische Daten zu liefern. In einer Studie über Infektionen durch humane Retroviren (HTLV) in Japan ließ sich die Existenz einer Assoziation von HTLV-1 betroffenen Individuen und den Antigenen des HLA-Komplexes, der Histokompatibilität A26 und B62 (dies ist ein komplexer Polymorphismus, dessen Erscheinen und Fortdauern durch die Synthetische Theorie unerklärlich ist), zeigen.
In einer Forschungsarbeit, die auf die Gene gerichtet war, welche die Embryonalentwicklung der Maus kontrollieren (45), provozierte die Insertion des "Retrovirus von Moloney" in einem Punkt des Genoms der Eizelle eine Mutation in der Farbe der Behaarung, die wieder verschwand, als das Virus das Genom verließ.
Erweitern wir derartige Beobachtungen auf retrotransportable Elemente, wie das etwa die LINE (long inserted element) von Säugetieren wären, so finden wir höchst bedeutsame evolutive Spuren: der Typ L-1 bildet ungefähr 5% des menschlichen Genoms, mit mehr als 50 000 Sequenzen, von denen ca. 4000 (über 6000 bp) groß sind. Man hat gezeigt (46), daß eine Klasse dieser Elemente, L-1.2, für ein Protein mit der Aktivität einer inversen Transkriptase kodiert, welche für die Mobilität diverser Arten von Retro-Elementen in Säugetieren notwendig ist. Diese Aktivitäten sind nicht nur mit pathologischen Aspekten verbunden, (familiäre Hypercholesterinämie, Hämophilie, Tay-Sachs-Krankheit), sondern auch mit gewissen wichtigen Funktionen von kompliziertem evolutionärem Erwerb, wie die Bildung und die Funktion des Glaskörpers des Säugerauges.
Ein anderer evolutiver Erfolg von so hoher Komplexität, die Plazenta beim Erscheinen der Säugetiere, besitzt Retro-Elemente, die in ihre Funktion impliziert sind. Bis vor kurzem dachte man, daß der bewirkte Effekt eines Gens unabhängig davon sei, ob es von paternaler oder maternaler Herkunft sei, aber man hat nun Beweise gefunden, daß Männchen und Weibchen eine Art Prägung (imprinting) auf die Gene ausüben, die sie weitergeben. Bei den Plazentaliern unter den Säugern tragen die väterlichen und mütterlichen Gene unterschiedlich, aber komplementär, zur embryonalen Entwicklung bei. Ohne die Prägung durch die Mutter entwickelt sich der Embryo abnormal, ohne die durch den Vater gelangt die Plazenta nicht zur Entwicklung.
Dieser Mechanismus scheint in den Ursprung und die Evolution der Plazentation selbst verwickelt zu sein, einerseits, damit die Mutter selbst die Entwicklung eines Fremdkörpers in ihr akzeptiert, und andererseits um die Entwicklung zu

begrenzen, um das Eindringen der mütterlichen Gewebe zu verhindern (47). Entsprechend neuester Daten, dürfte dieses Phänomen durch die Insertion defekter retroviraler Partikel des Typs I.A.P. eingeführt worden sein (48, 49).
Die Suche nach neuen Aktivitäten (in Vorgängen, wie eben beschrieben), in all diesen Typen von DNA-Sequenzen (deren Charakter "nicht funktionell" zu sein hat, damit sich die Gleichungen der Populationsgenetik erfüllen), kann fundamental sein für das Verständnis der evolutiven Vorgänge. Bis jetzt haben die sporadischen und die sich von der Absicht der "Anwendung" hergeleiteten Entdeckungen nicht nur Aktivitäten erkennen lassen, die in die Funktion des Genoms integriert sind, sondern in einigen Fällen auch Charakteristika dargestellt, die ihnen Aktivitäten erster Ordnung zuweisen. Man konnte beispielsweise in jüngster Zeit die Existenz genetischer Transmission im (erworbenen) immunologischen Gedächtnis der Lymphozyten beweisen. Die Forschungsresultate zeigen die Existenz eines Mechanismus auf, durch den endogene Retroviren Gene von der somatischen Linie auf die Keimbahn übertragen können (50).
Jedoch gibt es bereits nicht nur Daten über eine Wirkungsweise, die man als indirekt bezeichnen könnte, wie die des "Informationstransportes" oder die Verantwortlichkeit genetischer Veränderungen (Mutationen). Neuerdings hat man den ersten Beweis publiziert (am 5. Mai 1995), daß sich eine retrovirale Sequenz aus der Familie der endogenen Retroviren der Familie RTVL-1 in unterschiedlichen menschlichen Zellinien exprimiert, worunter sich die Lymphoblasten des Typs B befinden, die für das Immunsystem von enormer Bedeutung sind (51).
Auch hat man gezeigt, daß Antigene von retroviralem Ursprung sich in normalen Trophoblasten der menschlichen Plazenta exprimieren (52), mit einer sehr signifikanten Aufgabe: sie machen einen Teil des morphologischen Differenzierungsvorganges der besagten Zellen aus. Das heißt also: Die Aktivität endogener Retroviren beschränkt sich nicht allein darauf, Reorganisationen und Modifikationen der Expression von "aktiven" Genen durchzuführen, (was vom evolutiven Standpunkt sehr kennzeichnend wäre); sondern es gibt sogar eine direkte Expression als Bestandteil von fundamentalen biologischen Prozessen.

9 Molekulare Aspekte

Die übermäßige Vereinfachung, die glauben macht, man könnte den Versuch unternehmen, evolutive Prozesse als Funktion von Allelfrequenzen chromosomaler Gene zu erklären, manifestiert sich bereits, wenn man den lebenden Organismus mit seiner Fähigkeit zur Reproduktion als Vehikel, verantwortlich für die Übertragung dieser Gene betrachtet. Beachten wir die zuvor kommentierten komplexen genetischen Mechanismen mit ihren simultanen Interaktionen, ihre Lokalisationsveränderungen mit ihren drastischen Effekten und unterschiedlichen Qualitäten (wie es bei den Regulatorgenen, die die Aktivität der anderen kontrollieren, der Fall ist), so erscheinen die Berechnungen der Populationsgenetik zumindest stark vereinfacht.

Vertieft man jedoch die Kenntnis von den überraschenden Wechselwirkungen, welche die Genexpression in den Prozessen der Differenzierung, Reproduktion oder einfach der Zellfunktionen regulieren, beginnt das Prinzip der biologischen Evolution als Vorgang von zufälligem Ursprung und ebensolcher Geschichte auf seiner Basis zu wanken. Die Harmonie der (zumindest) in einigen Dutzend an den einfachsten Zellvorgängen beteiligten komplexen Verbindungen erschwert es, ihren Ursprung als zufällige Anhäufung von kleinen Veränderungen aufgrund chemischer Mechanismen anzuerkennen. Ebenso stellt sich ein solcher Eindruck bei einem Mechanismus ein, der von Anfang an so gewesen sein "mußte", (zumindest erscheint es klar, daß er nicht graduell entstehen konnte), der die Erhöhung der Komplexität von den prokaryotischen Zellen bis zu den Säugern betrifft, nämlich die repräsentierte Progression, deren Potential in der ersten Zelle geschrieben stand. Das heißt: das Leben ist genau das, was es sein muß.

Eine Zelle ist eine höchst komplizierte "Maschinerie", die in ihrem Inneren ein Programm und die notwendigen Mechanismen trägt, um ihre Instruktionen auszuführen: die Transformation von Energie, Informations- und Regulationsnetze, die Bildung interner und externer Strukturen, Schutz gegen fremdartige Substanzen... . Außerdem verfügt diese "Maschine" zusätzlich zu ihrer autonomen Funktion über eine besondere Fähigkeit: ihre Anleitungen erlauben ihr die eigene Reproduktion.

Sie ist nicht nur fähig, die eigene Kopie zu programmieren, sondern auch Zellen von unterschiedlicher Funktion und Morphologie zu produzieren. Der Schritt von einer einzelnen Zelle, der befruchtete Eizelle, zu den Milliarden, die ein Säugetier aufbauen beispielsweise, vollzieht sich durch den Vorgang der zellulären Differenzierung. Und dennoch tragen alle Zellen von diesem Organismus die gleiche genetische Information. Wieso sind nun nicht alle gleich, morphologisch wie auch funktionell. "Einfach", weil sich unter den vielen Proteinen, die synthetisch aktiv sind, solche befinden, die fähig sind (durch Verändern, Blockieren, Begünstigen), die Regulation dieses Programms zu steuern, um verschiedene Funktionen zu erlangen. Diese Regulationsproteine, von denen man nur wenige kennt, -und von diesen wiederum nur wenige ihrer höchst komplizierten Funktionsweisen-, sind in einigen Regulatorgenen kodiert, die, wie man im menschlichen Genom berechnet hat, zwischen 5% und 10% der Gesamtheit ausmachen.

Einige ihrer jüngst entdeckten Fähigkeiten scheinen das Resultat höchster Vorsicht und höchst effektiver industrieller Prägung zu sein: das DNA-Molekül liegt nicht "nackt" in der lebenden Zelle vor; es ist eingehüllt in Proteine, Histone und Nicht-Histone, von denen man bis vor kurzem glaubte, daß sie nur eine strukturelle Rolle der Verpackung oder des Schutzes erfüllen würden. Seit dem Beginn der 90er Jahre kann man zeigen, daß es Regulatorproteine gibt, welche die Lage von Histonen verändern können, wodurch sie den Zutritt von bestimmten "Transkriptionsfaktoren" zu bestimmten Genen gestatten. In den anfänglichen Etappen der Embryonalentwicklung bilden sich durch Lageveränderungen in unterschiedlichen DNA-Abschnitten bestimmte Zellinien, jedoch ohne, daß sich zuvor ein Transkriptionsursprung ausbildet. Auf diese Weise können einige Zellen von Anfang an auf dem Wege einer konkreten Differenzierung bleiben.

Zellteilungen jedoch bestehen nicht nur aus Teilungen der Kern-DNA. Auch das Zytoplasma muß sich verdoppeln; der Golgi-Apparat, Ribosomen, Mitochondrien (deren DNA mit der nukleären auf eine kuriose Weise komplementär zusammenarbeitet), und sogar die Membranen von Kern und Zytoplasma. Die nötigen Mechanismen, den Moment der Teilung zu kontrollieren, und speziell die der Gesamtheit der Zellstrukturen auf eine so perfekt koordinierte Art und Weise, müssen außerordentlich kompliziert sein und ohne auch nur einen kleinen Fehler funktionieren. Es muß also ein unabsetzbarer Prozeß sein. Die Basis dieses Zyklus bildet ein sehr komplexes Proteinsystem, dessen auslösender Faktor ein Proteintyp, genannt "Kinase" ist. Dieser scheint bei so unterschiedlichen Organismen wie der Hefe, der Kröte, den Stachelhäutern und den Menschen derselbe zu sein. An die Kinasen gebunden, erschienen andere Proteine, die Zykline, die in den folgenden Teilungen als möglicher temporärer Regulator funktionieren. Außerdem gibt es einen autonomen zytoplasmatischen Regulator (obwohl man diesen Mechanismus nicht dechiffriert hat) (53). Es gibt ihn wahrscheinlich nicht bei niederen Organismen wie z.B. bei *Xenopus laevis,* bei dem Zyklin weiterwirkt, obwohl DNA-Replikationsfehler aufgetreten sind,

oder die Auftrennung von Chromosomen oder Organellen. Hier stirbt der Embryo ab. De facto passiert das häufig. Es wird nur durch die große Menge an Eiern kompensiert.
Bei anderen höheren Organismen und vor allem bei den Säugetieren läßt sich diese Verschwendung nicht tolerieren; es gibt intrazelluläre Kontrollmechanismen: Vor der Mitose überprüft die Zelle, ob die DNA repliziert und in gutem Zustand ist; während der Mitose wird die adäquate Aufreihung der Chromosomen im Kern "verifiziert" bevor die Auftrennung der zwei DNA-Kopien gestattet wird (54). Diese komplizierte zytoplasmatische Kontrollfähigkeit entsteht im Verlauf der Evolution, aber: Durch welche Mutation oder durch welche Anhäufung von zufälligen Mutationen?
Abgesehen von Teilungskontrolle und zellulärer Differenzierung, ließ sich bei der simplen Zellfunktion zeigen, daß in jedem beliebigen Gewebe die Aktivität eines Gens das Resultat außerordentlich vieler Proteine ist, die synergistisch wirken. Um die Dinge noch etwas komplizierter zu machen, kann ein Gen nicht nur von verschiedenen Regulatorproteinen kontrolliert werden, sondern es können auch alle Regulatorproteine an einer Regulation vieler Gene teilnehmen; - die sogenannten Target-genes.
Diese Entdeckungen, die ursprünglich an Bakterien gemacht wurden, ließen sich später auch an höheren Lebewesen feststellen: Jaques Monod, Nobelpreisträger 1965, faßte dies in seiner gepriesenen Aussage zusammen: "was für das Bakterium gilt, wird auch für den Elefanten so sein." Obwohl die zytoplasmatischen Kontrollmechanismen diese Meinung überschattet haben, ist es - bezogen auf den Zweck des Vorgangs - schon so. Ein Bakterium setzt z.B. seinen Enzymapparat, der ihm den Laktose-Metabolismus ermöglicht, nur in Gang, wenn sich dieser Zucker im Kulturmedium befindet. (Dazu wäre es ohne Anwesenheit des Zuckers nicht imstande). Die Funktionsweise der Steroidhormone ist ähnlich. Sie bewirken eine selektive Aktivierung unterschiedlicher Gene in passenden Zellen. Jedes Hormon dringt in die Zelle ein und bindet an ein Rezeptorprotein, welches spezielle Proteine aktiviert (Target-genes).
Die Aktivität besteht in der Modulation der Funktion der RNA-Polymerase, der "angezeigt" wird, welche Gene transkribiert werden sollen: Progesteron induziert in Uteruszellen die Produktion von m-RNA, die für die Fixierung des Fötus in der Uteruswand die nötigen Proteine kodifiziert.
Aber abgesehen davon antworten diese Proteine auf "Botschaften", die von der jeweiligen physiologischen Situation der Zelle abhängig sind, -also ein lamarkkistischer Vorgang. Eine besonders überraschende (und informative) Entdekkung jedoch bezieht sich auf ein offensichtlich triviales Problem: Wie erkennt das Regulatorprotein eine konkrete DNA-Region unter den 150 000 Genen, die das menschliche Genom enthält?

Der genetische Code ist von der Kombination der vier Basen (Adenin, Thymin, Cytosin und Guanin) abhängig, in Dreiergruppen zusammengefaßt, in einem Molekül von Millionen von Basen, wodurch die Sequenzen sehr gleichförmig und durch wenig Kombinationsmöglichkeiten gekennzeichnet sind. Die Proteine aber werden aus Kombinationen von 20 verschieden Aminosäuren aufgebaut und die Mengen schwanken zwischen einigen Dutzend bis zu Tausenden. Als Folge daraus sind die Proteine strukturell verschiedener als die DNA oder die RNA. Wie also können sie sich im genetischen Material "paaren" oder wie kann das eine das andere entstehen lassen?
Man kennt einige dreidimensionale Strukturen von Regulatorproteinen und man konnte zeigen, sodaß die Felder der Fixierung sich durch Faltenbildung des Proteinmoleküls bilden, sodaß der Ort der Fixierung an den Punkten dieser Falten lokalisiert ist, die mit den spezifischen Basen interagieren (Fig. 22).
Am Anfang versuchte man, die Proteininteraktion und die der DNA in chemischen Begriffen (schwache Bindungen, wie die elektrostatischen, oder die H-Brücken) zu erklären, aber es ließ sich zeigen, daß das System komplizierter ist. Eine Aminosäure kann mit mehreren Basenpaaren zugleich interagieren und ein Basenpaar zugleich mit mehreren Aminosäuren. Und nicht nur das! Die Effekte der Kontakte der Bindungsstelle von Protein und DNA hängen von den Eigenschaften des Proteinrestes ab und nicht nur von den Aminosäuren, die in seiner Umgebung enthalten sind.
Man ist dabei, neue Transkriptionsfaktoren mit unterschiedlichen Strukturen zu entdecken. Aber die allgemeine Schlußfolgerung, die sich aus dem Studium der Regulationsmechanismen ableitet, versetzt der Populationsgenetik den definitiven Schlag, und damit der Synthetischen Theorie. Die Bedeutung der Basensequenzen variiert je nach den Regionen, in denen sie sich gerade im Genom befinden (55). Die allgemeinste Strategie, welche die Regulatorproteine verwenden, um die Erkennung der entsprechenden spezifischen Sequenz zu erleichtern, ist, sich paarweise (zu Dimeren) zusammenzufügen, von denen jedes einzelne ein Bindungsfeld mit der DNA besitzt. Bei den Eukaryoten pflegen sie sich zu Heterodimeren zusammenzufügen (zwei unterschiedliche Proteine). Dies gestattet die Bildung vieler unterschiedlicher Transkriptionsfaktoren durch die Kombination von einigen wenigen Proteinen. Auf alle Fälle ist es jedoch ein Mittel für die Regulation der Regulatorproteine untereinander. Das Resultat ist schließlich, daß die genetische Expression von den Dosierungseffekten der Regulatorgene, die von der Zelle erzeugt werden, abhängig ist.
In der Mehrheit der Fälle erkennen die Proteine, die mit den Dimeren interagieren, eine identische Regulatorsequenz. Während sie bei einigen Gelegenheiten die Transkription aktivieren, unterdrücken sie diese bei anderen. Bis dato weiß man nicht, um welche implizierten Mechanismen es sich bei diesen Alternativen handelt.

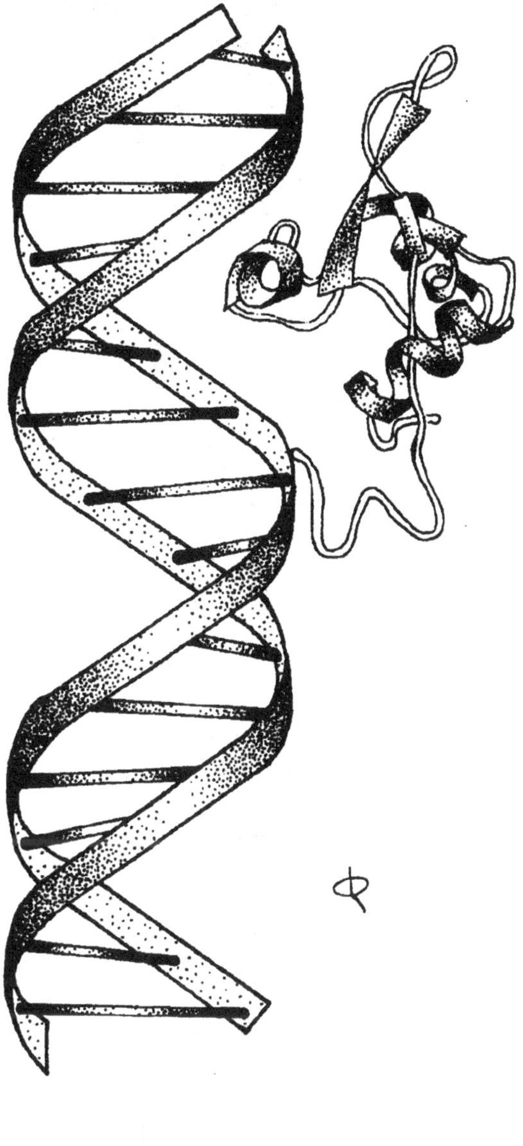

Figur 22: Die ersten dreidimensionalen Strukturen von Regulatorproteinen wurden in den 80er Jahren bekannt. Aminosäuren, welche Proteine aufbauen, interagieren im Molekül so, daß sie Auffaltungen bewirken, die von den diesen Aminosäuren abhängig sind. Die Eigenschaften der Molekülstrukturen, die aus jenen Auffaltungen resultieren, haben eine enorme Variabilität, wodurch sie den Proteinen eine große Reihe an biologischen Funktionen vermitteln.

Auf alle Fälle besitzt die Komplexität all dieser Vorgänge einige basale Elemente, deren Ursprung man "nachspüren" kann. In den letzten Jahren hat man versucht, irgendeine fundamentale Komponente in all der enormen Vielfalt der Regulatorproteine zu entdecken. Eine der evidenten Einsichten in das Zelleben bietet die RNA-Polymerase, welche die m-RNA synthetisiert. In der eukaryotischen Zelle ist sie ein Enzym, welches phosphoryliert werden muß, um die Transkription zu starten. Außerdem funktioniert die RNA-Polymerase nicht allein; Dazu ist es notwendig, daß sich verschiedene Hilfsproteine zu Beginn eines Gens zusammen daran fixieren (in einer Zone, die "promotor" genannt wird), damit die Transkription beginnt. Diese Transkriptionsfaktoren nannte man allgemeine Faktoren, da sie in der Transkription fast aller Gene der eukaryotischen Zelle vorkommen, (sie regeln also nicht die Transkription einer einzelnen Gruppe von Genen) (56). Unter diesen Proteinen findet sich das sogenannte "Universalprotein", (TBP, oder TATA-binding protein), welches die Thymin-Adenin-sequenz wiedererkennt. Dieses "Universalprotein" ist eines der Hauptregulatorproteine der Bakterien.

Bezüglich der Transkriptionsfaktoren, die auf konkrete Gene wirken, hat sich gezeigt, daß sie nicht nur bewirken, daß sie sich an Regulatorsequenzen binden, die in der Nähe des Gens liegen, sondern auch an davon weit entfernte DNA-Regionen. Diese entfernten Regulatorsequenzen tragen den suggestiven Namen "Ampliationssequenzen".

Unabhängig vom möglichen viralen Ursprung dieser Regulatorproteine existieren solche von Viren mit sehr aufschlußreichen Eigenschaften: Gene, die für Histone kodieren und gewisse Gene des Herpes-Virus weisen in ihrer Nähe dieselbe Regulatorsequenz, bestehend aus acht Basen (ATG-CAAAT), auf. Für die Transkription ist die Wirkung eines Regulatorproteins auf diese Sequenz nötig. Aber die Gene, welche für die Immunglobuline kodifizieren, werden nur in den weißen Blutkörperchen exprimiert, die Gene für die Histone in allen Zellen des Organismus und die des Virus ausschließlich in den infizierten Zellen (57); das bedeutet, daß sie die Expression je nach Zelltyp, in dem sie sich befinden, variieren.

In verschiedenen Studien über die kanzerogenen Wirkungen gewisser Viren zeigten sich die implizierten Regulationsmechanismen in der unorganisierten Proliferation der Zellen: das ROUS-Virus (SRC), ein Retrovirus, welches Sarkome und Tumorbildungen im Bindegewebe von Hühnern bewirkt, enthält ein Gen (src) und produziert ein Protein, dessen enzymatische Aktivität der einer Kinase entspricht. Diese Eigenschaft besitzen auch die Proteine anderer viraler Gene, etwa das Polioma-Virus der Maus oder das Murinun-Virus.

Mittels der Technik der DNA-Sonden konnte man im Wirtsgenom des ROUS-Virus, in gesunden Tieren, einen DNA-Abschnitt isolieren, den man als ein endogenes src-Gen identifizierte, das man sarc genannt hat. Diesen Typ Gen fand man auch bei anderen Spezies. Das führt zu der Schlußfolgerung, daß der Ursprung des viralen src-Gens ein sarc-Gen (Onkogen) von Zellen ist, das von einem Virus mittels einer Integration ins Wirtsgenom gefangen genommen wurde.

Trotz allem läßt die Tatsache, daß dieses Auslösen einer desorganisierten Zellproliferation auch aufgrund der Infektion durch diverse spezifische Viren bewirkt wird, die sowohl direkt, als auch indirekt in Form von "Co-faktoren" auf verschiedene Gewebetypen wie Brust-, Bindegewebe, Leberzellen, etc. einwirken, daran denken, daß ihre Aktivität möglicherweise nicht immer im Transport gefangener "Onkogene" besteht. Analysieren wir diese Phänomene vom evolutiven Standpunkt aus, so können wir noch eine andere Hypothese wagen: Es könnte -im Gegenteil- das src-Gen der Zelle (sarc) von viralem Ursprung sein (also ehemals einem src-Virus angehört haben, das nun endogen ist). Dessen Funktion könnte darin bestehen, genau dann zu wirken, wenn die Zellen seines spezifischen Gewebes im Begriffe sind, sich während der embryonalen Entwicklung zu differenzieren (52). Wenn das so ist, bestünde nur dann Kanzerogenität, wenn eine neue virale Infektion stattfindet oder irgendein externer Faktor wie Strahlung oder karzinogene Chemikalien die Gene -und folglich die Proteine- zerstört, die seine temporäre Aktivierung steuern. Geschähe dies zu einem unpassenden Moment, würde dies eine embryonale Proliferation bewirken (Tumor).

Die Forschung über Regulationsfaktoren, besonders diejenige, die in pharmazeutischen Labors mit therapeutischen Zielen angestellt wird, gelangt schnell zu Aspekten, welche sich auf die Steroid-Hormone beziehen oder Enzyme, die in die Glykogenese impliziert sind. Aber möglicherweise würden sie einen großen Impuls empfangen, richtete sich deren Interesse darauf, im Genom Sequenzen viralen Ursprungs aufzuspüren, welche mit der Funktionalität der verschiedenen Gewebe des Organismus in Verbindung gebracht werden können.

10 Abschließende Betrachtungen

Die schnelle Entwicklung in der Biologie, speziell in den letzten zehn Jahren, der Wissenszuwachs und seine Vertiefung in neuen Entdeckungen, erlegt den Wissenschaftern eine unvermeidliche Spezialisierung auf, welche gelegentlich zu einem extremen Reduktionismus führt.

Wenn wir dazu noch das eminent anwendungsorientierte oder utilitaristische (also rentabilitätsorientierte) Forschungsinteresse hinzufügen, wie es in der wissenschaftlich "fortgeschrittenen" Welt (Gentechnik, pathologische Aspekte, Pharmazie, etc..) vorherrschend ist, so ist das Resultat eine enorme Akkumulation disperser und unzusammenhängender Information zwischen verschiedenen Disziplinen.

Die Integration dieser reichen und detaillierten Fachkenntnisse ist eine unumgängliche Aufgabe für die Biologie, da sie ja helfen würde, ein Phänomen besser zu begreifen, in welches all jenes verwickelt ist: der Ursprung und die Evolution des Lebens; und das ist es, was die Biologie als Naturwissenschaft zu erkennen versucht.

Zusätzlich aber, und sogar innerhalb des Forschungsschwerpunktes in Richtung unmittelbarer Anwendung, würde die globale Sicht (die man gelegentlich in eher "wichtigtuerischen" Publikationen vermißt) auch der Interpretation dienen und somit zu einer besseren Verwendung dieser enormen Menge an verfügbarer Information verhelfen.

Natürlich ist es absurd (es mag sogar naiv und prätentiös scheinen), sich in ein paar Seiten an die Synthese eines derartig großen Kenntnisvolumens zu machen, aber dennoch scheint es positiver, dies zu versuchen, obwohl es nur schematisch ist, als unbeweglich vor dem Komplexen dieser Aufgabe zu verharren oder - was noch schlechter ist - aus Furcht, der "Ketzerei" anheimgestellt zu werden.

Die Komplexität ergibt sich aus der Vielzahl an unberücksichtigten Aspekten. In diesem Sinne führt die Interpretation der vorhin angesprochenen Daten in evolutivem Kontext zu der Feststellung verschiedener Phänomene, die mit dem Fundament der Synthetischen Theorie absolut inkompatibel sind:

- Der Ursprung des Lebens auf der Erde, als zufälliges und spontanes Phänomen, regiert durch die Gesetze der Physik und der Chemie, scheint sich als praktisch unmöglich darzulegen.

- Es gibt systematisch einen realen Saltationismus, also einige große und plötzliche Veränderungen der Organisation, seitens des morphologischen, anatomischen und funktionellen Standpunktes, zwischen verschiedenen Kladen, die zeitlich aufeinander folgen, die sich nicht als "Diskontinuitäten im Fossilbeleg" bezeichnen lassen können.
- Die extreme und präzise Interdependenz zwischen den genetischen und biochemischen Mechanismen, welche die zellulären, embryologischen, anatomischen und funktionellen Vorgänge kontrollieren, lassen die vorhin erwähnten evolutiven Veränderungen als äußerst unwahrscheinliche Konsequenz gradueller und zufälliger Entstehung erscheinen.
- Die Zunahme an Komplexität vom biochemischen, physiologischen und anatomisch-funktionellen Standpunkt, die man innerhalb der aufeinanderfolgenden biologischen Organisationsschichten beobachtet, läßt sich nicht, basierend auf der vorherigen Beobachtung, mittels unterschiedlicher Kombination des gleichen genetischen Materials oder Duplikationen erklären, sondern verlangt notwendigerweise eine progressive Anhäufung neuer genetischer Information.

Diese vier allgemeinen Beobachtungen können in konkreten Aspekten schattiert werden und in ihrer Gesamtheit eine mehr oder weniger große Zahl an Ausnahmen enthalten, aber wie die Natur einer Quantifizierung Widerstand leistet, akzeptiert sie die Generalisierung (es gibt "die Fische", "die Säugetiere", "die Reptilien", aber es gibt kein $(p+q)^2$ bei keiner einzigen Spezies).

Was konstatierbar scheint, ist die Tatsache, daß die Fundamente der Synthetischen Theorie, gegründet auf der Gleichung: ein Gen = eine Eigenschaft, immer dann einer Simplifikation entsprechen, wenn sich die Forschung dem Komplexen nähert, den miteinander vernetzten und autoregulativen genetischen, biochemischen und embryologischen Vorgängen, die von einer DNA-Basensequenz zu einem erwachsenen und reproduktionsfähigen Individuum und vor allem, zu einer ausreichenden Zahl untereinander fortpflanzungsfähiger Individuen führen, die fähig sind, das Überleben der Art, aus der sie sich zusammensetzen, zu sichern.

Von der Hypothese der Bakterien als Ursprung und Basis der komplizierten Lebensvorgänge, die sich universell bei allen Lebewesen vollziehen, läßt sich nicht behaupten, daß sie sich auf indiskutablen Daten errichtete. Aber es handelt sich wohl um keine Verwechslung von Zusammenhängen, wenn wir die Kongruenz ihrer grundsätzlichen Invariabilität entlang der Zeit mit den verfügbaren Daten der Paläontologie (erste identifizierbare Lebewesen), der funktionellen Anatomie (einziges natürliches minimales Medium, bei dem Leben möglich ist, Ursprung eukaryotischer Zellen), der Genetik ("gesteuerte" Mutationen, universeller Code, möglicher Ursprung der "sexuellen Reproduktion"),

und der Molekularbiologie (universelle Transkriptionsmechanismen) im Auge behalten.
Im Bezug auf die Viren als Quelle der Variation und Veränderung lassen sich gegenwärtig, auch mit wenig erhärteter Basis, (oder zumindest nicht indiskutabler) Antworten auf zwei "große Probleme" ohne Lösung durch die Populationsgenetik geben: die Notwendigkeit plötzlicher Speziation durch umfangreiche Chromosomen-Reorganisationen und das obligate Auftauchen derselben in einer genügend großen Individuenzahl, die deren Fortdauern gewähren kann. Zusätzlich jedoch kann die Einführung von komplexen Sequenzen ins Genom mit ihrer evidenten (und feststellbaren) Expression in der biochemischen Sprache mit biologischer Entität (beinahe) die einzig mögliche Form der Erklärung der Integration eines komplexen "Subsystems" in ein kompliziertes Netz von untereinander verbundenen Mechanismen, welche die basalen Anforderungen an Lebensfähigkeit für einen so simplen Organismus, wie ein Bakterium erfüllen.
Mittels der Interaktion dieser neuen "Subprogramme" (sowohl durch ihre direkte Wirkung, wie auch als Induktoren zum Rearrangement oder zur Modifikation der Genexpression) wäre es auch eine Form der Erklärung großer genetischer, anatomischer, physiologischer und funktioneller Reorganisationen, die notwendigerweise simultan verlaufen müssen und die die großen evolutiven Sprünge, die im Fossilbeleg festgestellt sind, auch beinhalten.
Es handelt sich also um ein Modell, in dem die einsichtigsten Vorgänge einen klar lamarckistischen Inhalt aufweisen, sowohl in konkreten Aspekten der Vererbung von erworbenen Eigenschaften (mittels Viren als Transportvehikel) und von Mutationen als Antwort auf Umweltreize (experimentell nur feststellbar bei Bakterien und - anscheinend - auch bei der Hefe), wie auch in der Interpretation, welche in der Gesamtheit eine Tendenz in der Evolution in Richtung höhere biologische Komplexität unterbreitet, deren Gipfel im Moment das menschliche Gehirn -dessen Kapazität als Resultat der Natürlichen Selektion unerklärlich ist- wäre.
Die wissenschaftliche Gültigkeit dieser Hypothese läßt sich durch die Tatsache bewerten, daß sie kohärent die Probleme ohne Lösung durch die Synthetische Theorie aufzuklären vermag und ohne der Existenz von Tatsachen zu widersprechen, die im Bereich der Synthetischen Theorie sowohl experimentell als auch empirisch unerklärbar bleiben, nämlich den Vorgängen der Mikroevolution, (jedoch auch nur in Form von Mechanismen dieser Mikro-Evolution, wie es ja ihr eigener Name andeutet).
Deshalb repräsentiert die Alternative zur offiziellen Theorie vom "orthodoxen Standpunkt" aus betrachtet, nicht einen großen Schemenwechsel. Es handelt sich lediglich darum, daß die Quelle der biologischen Variation ersetzt wird, also die zufällige Veränderung einer DNA-Base wegen eines "Kopierfehlers"

(dessen Resultat im Lichte der vorher dargestellten Daten von einer augenblicklichen enzymatischen Reparation bis zu einer totalen Desorganisation im komplexen Vorgang der Transkriptions-Regulation, und somit letalen Konsequenz für den Organismus reicht, oder gar zu einem irrelevanten Ergebnis führt) durch eine virale DNA oder RNA mit komplexem "biologischem" Inhalt. Ein Mechanismus, der dies gestattet, ist zumindest bei den Retroviren gegeben, nämlich durch eine hohe Mutagenitätsrate, die seine "Lebensfähigkeit" nicht verändert.

Ebensowenig widerspricht sie der Existenz einer großen (aber nicht ausschließlichen) Zufallskomponente in der Evolution; die Interaktion zwischen den verschiedenen viralen Genen, die sich - mit aller Evidenz - im Laufe der Zeit ins tierische und pflanzliche Genmaterial eingebaut haben, werden nicht immer, so wie die gegenwärtig existenten, lebensfähige Resultate erwirkt haben (abgesehen natürlich von ihren reichlichen pathologischen Konsequenzen), und in vielen Fällen hat sich ihre Integration in Form von "stillen" Effekten aufrecht erhalten, wie es sich bei den rezenten Organismen offensichtlich darlegt (HIV, z.B.), bis zu einer eventuellen Aktivierung, verursacht durch externe Auslöser. (Dies würde die plötzliche Diversifikation und viele der Extinktionen, die, wie dies die kladistische Methode gezeigt hat, systematisch mit Zeiträumen geologischer Störung in Einklang stehen, erklären.)

Es gäbe deshalb keinen Grund, für eine wissenschaftliche Ablehnung dieser auf Evolutionsmechanismen basierenden Hypothese, da es sich ja, wie bei jeder Hypothese, um ein offenes Modell handelt, dem eine eventuelle Bestätigung oder Ablehnung widerfährt, je nach Erklärungskapazität bezüglich der existenten Daten.

Das "kulturelle" Haupthindernis ist ihre Hinweis auf die speziellen Mechanismen und Quellen der Variation. Möglicherweise leitet sich die Unruhe, die sie erzeugen könnte, von einer mehr oder weniger bewußten Empfindung ab, daß nämlich, wenn diese Vorgänge effektiv aufgetreten sind und auftreten können, diese im Bezug auf die Art und Weise und die Zeit nicht dem Willen des Menschen unterworfen wären. Die Fähigkeit der Viren, für sich selbst zu agieren, jenseits menschlicher Kontrolle, hätte zwei klare Konsequenzen: Die erste, die Wahrnehmung der Existenz biologischer Mechanismen, die sich den sinnlosen Versuchen des Menschen, das Leben zu manipulieren, ohne es zuvor wirklich zu kennen, entziehen oder ihnen widerstehen. Die zweite, dramatischere, daß diese Manipulationsversuche einiger Organismen mit diesen fremdartigen Eigenschaften unvorhersehbare Konsequenzen haben könnten. Die naturwissenschaftliche Technologie wäre dann nicht mehr allmächtig. - Ein harter Schlag für unsere moderne Zivilisation, die sich dem blinden Glauben an die Macht der Naturwissenschaft verschrieben hat.

Im selben Maße, in dem aus wissenschaftlichem Studium Erkenntnisse auftauchen, welche evident die kulturellen Vorurteile ihrer eigenen Naturwissenschaft aufzeigen, schließen ihre orthodoxeren Verteidiger die Reihen und berufen sich auf äußerst hyperbolische Argumente, um ihre fundamentalen und unveränderlichen "Dogmen" des Wissens zu verteidigen. Die Welt würde durch unveränderbare physikalische und chemische Gesetze regiert, die wir bereits kennen und deshalb benennen und das Leben ist das Produkt der zufälligen Veränderungen, welche durch diese Gesetze gesteuert sind. Gegenwärtig hat sich die Naturwissenschaft, die in diesen Kriterien verankert ist, in ein Religionssubstitut verwandelt, mit seinem Konzept der "absoluten Wahrheit" in Form eines linearen Gedankenganges. Einzig anerkannt wird der rationalistische Gedanke als Derivat "objektiver" Interpretation der Daten, die sich durch Beobachtung und Experiment ergeben. Diese "objektive Interpretation" aber hat immer innerhalb einiger Rahmenbedingungen zu stehen, welche durch die dominierende Kultur gegeben werden.
Diese Unterwerfung unter die "etablierten Normen" scheint um so größer zu sein, je höher die Stufe ist, die man in öffentlichen Einrichtungen betritt. Als illustrative Beispiele könnte man Argumente zitieren, die jüngst bei der Verleihung des Nobelpreises für Physik geschwungen wurden von Steven Weinberg (58), zur Verteidigung des "unpersönlichen Charakters" in den Naturwissenschaften: "Einige Philosophen und Soziologen sind zu weit gegangen und unterstützen, daß die wissenschaftlichen Prinzipien, gesamt oder zum Teil, soziale Konstruktionen sind, wie die Normen des gesellschaftlichen Vertrages oder die Regeln beim Poker. Die Wissenschafter verweigern, unterstützt durch ihre Erfahrung, den "sozialen Konstruktivismus." In der Fortsetzung legt er seine "objektiven" und "unpersönlichen" Argumente dar: "Zu seiner Zeit waren die "Principia" Newtons nur einer Handvoll Europäern verständlich. Schließlich hat sich die Idee, daß wir und unser Universum durch einige wenige präzise und erkennbare physikalische Gesetze regiert werden, eben erst durch die ganze zivilisierte Welt verbreitet...."
Die "kulturelle Begrenzung" aber ist nicht nur ein Problem des Ethnozentrismus. Selbst der hochangesehene S. J. Gould, der gemeinsam mit N. Eldredge die Existenz eines, wie wir es nannten, "unterbrochenen Gleichgewichtes" gezeigt hatte (lange Perioden der Stasis der Spezies, gefolgt von kurzen Zeiträumen momentaner Artenbildung), sieht sich "zur Abschwächung" verpflichtet, möglicherweise damit er nicht Gefahr läuft, der "Ketzerei angeklagt" zu werden, so daß jener Momentbegriff, als "geologische Skala" ohne weitere Erklärungen des Phänomens interpretiert werden soll (59).
Vielleicht ist es in diesen Höhen unnötig, auf die sozialen und kulturellen Bedingungen der Weisen wie Aristoteles zurückzugreifen, Aristokrat und Sklavenhalter, um seine hierarchische Konzeption des Tierreiches und der

verschiedenen Völker zu rechtfertigen oder die religiösen Begrenzungen Linnés, um das biologische Verhältnis zwischen Menschen und Affen anzunehmen..., für diejenigen aber, die wir uns mit dieser "Zivilisation" verhaftet sehen, ist es vielleicht unbedingt nötig, die schwierige Übung der "kulturellen Distanzierung" durchzuführen, um z.B. den Begriff des "Überlebens des am besten angepaßten" (Original vom Philosophen und Ökonom Herbert Spencer, nicht Darwin), als Frucht einer Zeit maximalen Reichtums und europäischer kolonialer Expansion oder der Begriff der "Konkurrenz", so reichlich angewendet in der Biologie in positivem und kreativem Sinne, als Konsequenz eines ökonomischen und sozial dominierenden Modells (sein wissenschaftlicher Gebrauch geht von einer günstigeren Qualifizierung von konkurrierender Forschungsausstattung bis zur Beschreibung von Regulationsphänomenen wie eine "Konkurrenz zwischen Histonen und Transkriptionsfaktoren") (53). Gar nicht zu sprechen von den enormen ökonomischen Interessen, die hinter den vordersten Linien der Forschung stehen.

Von einem streng intellektuellen Standpunkt jedoch gesehen, bringen uns die Spekulationen, zu denen die Pflicht, nicht den wissenschaftlich (kulturell) zulässigen Rahmen zu überschreiten, gelegentlich führt, zu Situationen, die äußerst komisch wären, würden sie nicht von anerkannten akademischen Autoritäten dargestellt. So z.B. die phylogenetische Interpretation des *Archäopteryx*, gradualistischer "Talisman" der Paläontologen: Hier ergibt sich, abgesehen von seinem augenscheinlichen Charakter der Mosaikevolution, so schwierig und kontroversiell aus der Sicht der Synthetischen Theorie, die Situation, die dazu geführt hat, einen Kongreß zu organisieren, der sich monographisch der Debatte über eine Form der Einbindung innerhalb des orthodoxen Evolutionsmodells gewidmet hat. Die abschließende Schlußfolgerung dieser Debatten (60) ist, daß "das essentielle Kriterium der argumentativen Gültigkeit, seine Hauptkonstruktionsbedingung sozusagen, seine Übereinstimmung mit der Synthetischen Evolutionstheorie zu sein scheint." Innerhalb dieser lassen sich die zwei Strömungen, die sich in der Konfrontation der Argumente gebildet haben, als solche zusammenfassen, die den Ursprung des Fliegens als Resultat des ersten Gleitens "von den Bäumen zum Boden" betrachten, gegenüber der anderen, die den Vorschlag gemacht hat, daß "es vom Boden zum Baume mechanisch und energetisch nicht unmöglich wäre".

Diese Argumente, ausgearbeitet in einem vollkommen rationalen Modell, entsprechen genau jener Diskussion, ob der Charakter der Mosaikevolution unseres Vorläufers, *Homo erectus,* definiert durch einen eher primitiv ausgeprägten Schädel und einem postkranialen Skelett mit absolut modernen Eigenschaften, herrührte von der heldenhaften Verfolgung seiner Beute oder der weniger würdigen Flucht in gutem Laufschritt vor seinen Jägern.

Und diese geistige Nachtarbeit über Fragen, die sich einordnen in dem, was man "Basiswissenschaft" nennen würde, -also nicht angewandte-, kann man offensichtlich nicht als Frucht irgendeiner tendenziösen oder interessierten Einstellung betrachten. Sie antworten einfach auf ehrenvolle Bemühungen, wissenschaftliche Probleme aus einer durch anerkannte und orthodoxe Gedankenschemen eingegrenzten Sicht zu lösen.
Die neuesten Resultate aus der neurologischen Forschung, geben Anlaß darüber nachzudenken, daß es sich als sehr schwer herausstellt, die "kulturell erworbene Art und Weise des Denkens" zu verändern. Bis vor kurzem dachte man, daß die neuronalen Netze nach ihrer Bildung auf eine unveränderliche Art etabliert bleiben, Studien jedoch über neuronale Netze an Evertebraten (61) und die indirekten Daten über die elektrische Aktivität menschlicher Gehirnzellen (62) ergaben eine Existenz von Modifikationen der elektrischen Eigenschaften von Neuronen, die als Konsequenz ihres Gebrauchs die Erregbarkeit der verschiedenen neuronalen Stromkreise erhöhen oder verringern können. Dieses Phänomen, nur ein Indiz dunkler Möglichkeit, in der - größtenteils noch mysteriösen - Funktionsweise des menschlichen Zentralnervensystems, könnte die drastischen Unterschiede erklären, die sich in der Art der Analyse oder des Verarbeitens von den selben Daten bei unterschiedlichen Personen ergeben, in Abhängigkeit von deren vorheriger Erfahrung (oder Ausbildung); Unterschiedlichkeiten, die zur Suche nach "genetischen Komponenten" in unterschiedlichem Sexualverhalten geführt hat oder in den Glaubensrichtungen oder Kulturen, die gegenwärtig ihre unversöhnlichen Haltungen auf der ganzen Welt manifestieren.
Übersetzt man dieses Phänomen in den akademischen Rahmen, würde die überraschende, aber häufige "neurologische Konsequenz" der wissenschaftlichen Überspezialisierung, die in einer Vielzahl der Fälle zu Individuen mit einem brillanten zerebralen Wirkungsgrad in der Datenbehandlung, die deren Studienfeld entspringen, führt, aber einer "Dürre" in anderen eher allgemeineren Aspekten erklären.
In einer allgemeineren Ordnung führt die akademische Bildung, die sich innerhalb eines zum Teil sehr engen konzeptuellen Kanons übermittelt, und die auch mit einer eher eingeschränkten Einstellung zur Kritik empfangen zu werden pflegt, häufig zu -wie man es nennen könnte- "wissenschaftlichem Integrismus". In dem Sinne, daß gewissen Wahrheiten oder indiskutable Gesetze existieren, deren Unveränderlichkeit (obwohl sie durchaus viele fragwürdige Aspekte aufwiesen) sich nur als Resultat einer "Offenbarung" akzeptieren ließe. Selbstverständlich kann man auch, vom gegensätzlichen Standpunkt, die Hypothese vom "extraterrestrischen" Ursprung von initialen Mikroorganismen so qualifizieren: Diese Alternative zum Dogma des Erscheinens des Lebens auf der Erde, als Resultat eines chemischen und zufälligen Vorgangs, weist einen

entscheidenden Schwachpunkt auf, für eine Mentalität, die vorgibt mittels selbstgeschaffener "unveränderlicher und erkennbarer Gesetze" alles zu erklären, (oder alles, was erklärbar ist). Wenn die organische Materie zur Erde gekommen ist, mit der Botschaft des Lebens, dann stellt sich die Frage: Wo vollzog sich dieser Vorgang zum ersten Male?

Wir müssen anerkennen, daß wir nicht alles wissen können, aber es lassen sich auch aus Unbekanntem Schlußfolgerungen ziehen. Wenn das Leben dem Universum inhärent ist (obwohl es nicht seinen Ursprung erklärt) und es sich darin ausbreitet, so muß die Auffassung, die wir von beidem haben, erneuert werden. Vielleicht bilden sie einen Teil eines Phänomens, das zu begreifen sich unserer wissenschaftlichen und technischen Kapazität für den Moment entzieht, - was definitiv ein Resultat unserer Denkweise ist.

Vielleicht ist der Moment gekommen, in dem wir übereinstimmend mit dem Versuch der Verbindung von Daten aufhören; Daten, die sich ständig innerhalb eines unzureichend entwickelten Schemas immer öfter und auch immer widersprüchlicher anhäufen (wie, wenn man immer mehr Kleider auf einen zu kurzen Garderobenständer hängen wollte). Wenn die Anhäufung von Information unvermeidbar ist, muß es auch die Suche nach einem umfassenderen Modell sein, nicht nur im Bezug auf die Größe (längerer Garderobenständer), sondern auch im Bezug auf die Form und Qualität.

Ein Beispiel für die "Veränderung im Gedankenmodell" in wissenschaftlichem Rahmen bietet uns die Physik mit ihrer Quantenmechanik, die ein für unsere Kultur offensichtlich so "solides" Konzept wie das der Materie zugrunde gerichtet hat. Die Feststellung, daß das Elektron wechselweise und gleichzeitig sowohl Welle wie auch Teilchen in komplementärer Form ist, sodaß sich sein Wesen in einem gegebenen Moment nicht genauer als durch Begriffe der Wahrscheinlichkeit beschreiben läßt, hat die "unveränderliche" Newton´sche Mechanik zu einem Teilaspekt (den Sinnen am ehesten zugänglich, aber nicht der Tatsächlichkeit) der physikalischen "Gesetze" reduziert, da ja "Festkörper" in diesem Sinne auch von Elektronen umgeben sind und alle diese in Interaktion, eine Interaktion, die definitiv das gesamte Universum verbindet.

Diese wissenschaftlichen Errungenschaften führen mit unseren rationalen Modellen zu Konzepten, derartig schwierig zu analysieren, wie etwa die Vorstellung, daß die Gegenwart des Beobachters die Resultate der Beobachtung verzerrt (nicht der Apparat oder die angewandte Technik, was sicherlich viel mit den "Resultaten" in der Biologie zu tun hat, sondern der Beobachter selbst, als physisches Wesen); oder, daß die Elektronen auf Distanz interagierten und einander beeinflußten (sogar auf große Distanz), daß sie mit anderen durch deren "spin" in Resonanz stehen, (was eine Erklärungsform für die chemisch unerklärbaren DNA-Protein Wechselwirkungen sein könnte).

Vielleicht ist in der Biologie eine ebenso schwierige und beunruhigende Veränderung nötig um anzunehmen, daß die Natürliche Selektion auch nur einen Teilaspekt (den offensichtlichsten) eines wesentlich weiteren und komplexeren Phänomens bildet. Innerhalb der gegenwärtigen Dynamik der biologischen Forschung jedoch ist es klar, daß dies nicht eine Aufgabe der "wilden" Direktoren von jungen "konkurrierenden Teams" ist... Eher wäre es das Resultat einer Setzung der Erkenntnisse und Erfahrungen und der Reife von Wissenschaftlern, die nicht die Notwendigkeit eines Verbleibens in der "Konkurrenz" verspüren oder darüber stehen und die es sich gestatten können, ihre Zeit mit Extraktion derjenigen Informationen aus diesem Datenhaufen zu verwenden, welche einen Inhalt zur Bildung eines neuen Modells aufweisen. Ein neuer Beitrag, der es kohärent ermöglicht, neue Entdeckungen zu vereinigen.
Definitiv würde es sich eigentlich darum handeln, zu der Methode der klassischen "Denker" unserer Kultur zurückzukehren, die mit viel weniger Daten, aber mehr Kapazität (oder zumindest mehr Zeit) zur Reflexion, welche in anderen ebenso respektierten Kulturen die fundamentale Methode zum Wissenszugang darstellt, Beiträge bewirkten, die, wenn sie sich auch später als lücken- oder fehlerhaft herausgestellt haben, eine fundamentale Basis für den Fortschritt wahrhafter wissenschaftlicher Erkenntnis geschaffen haben.
Es wäre eine Arbeit, bei der man sich wieder an die großen Denker zu erinnern hätte, von Aristoteles zu Cuvier und auf diesem Wege vorbeiziehend an Linné, Buffon, natürlich an Lamarck.. und selbstverständlich auch an Darwin.

11 Quellenverzeichnis

1 Mayr, E.; Systematics and the Origin of Species. Columbia University Press, 1942

2 Dobzhansky, Th.; Genetics and the Origin of Species. Columbia University Press, 1951

3 Simpson, G. G.; Tempo and Mode in Evolution. Columbia University Press, 1944

4 Haldane, J. B. S.; "The Estimation of Viability". J. Genetics 54, 1957. p. 294

5 Ayala, F. J.; Evolución molecular. Ediciones Omega, Barcelona, 1980.

6 Ayala, F. J.; Valentine, J. W. Evolving; The Theory and Processes of Organic Evolution. The Benjamin/Cummings, 1979.

7 Bush, G. L. "Modes of Animal Speciation". An. Rev. Ecol. Syst. 6. 1975. p. 339.

8 White, M. J. D. "Models of Speciation", Science 159, 1968. p. 1065.

9 Lewis, H. "Speciation in Flowering Plants". Science 152, 167, 1966. p.35.

10 Lejeune, J. "Sur les mechanismes de la speciation". C. R. Seanc. So. Biol. 169, 1975. p. 828

11 Carson, H. L. "The Genetics of Speciation at the Diploid Level". American Natralist 109, 1975. p. 83.

12 Eldredge, N. ; Gould, S. J. "Models in Paleobiology". T. J. M. Schopf (ed.) W. M. Freeman, 1972.

13 Dawkins R. The Selfish Gene. Oxford University Press, 1975.

14 Goldschmid, E. The Material Basis of Evolution. Yale University Press, 1940.

15 Klein, J.; Takahata, N; Ayala. F. J.; "Polimorfismo del MHC y origen del hombre", Investigación y Ciencia, 215, 1994.

16 Hoyle, A. Evolution from Space. University College Cardiff Press, 1982.

17 Aguilera, J. A. "Luces y sombras sobre el origen de la vida". Mundo cientifico, vol. 13, n° 136, 1993.

18 Gesteland, R. F.; Atkins, J. F. The RNA World". Cold Spring Harbour Laboratory Press, 1993.

19 Rebek, J. "A Template for Life". Chemistry in Britain, vol. 30, n° 4, 1994.

20 Broecker, W. How to build a Habitable Planet. Lamont-Doherty, Geological Observatory Press, 1990.
21 Kasting, J. F. "Earth´s early Atmosphere". Science 259, 1993. p. 920.
22 Sagan, C. "A Search for Life on Earth from Galileo Spacecraft". Nature, vol 3, nº 6448. 1993. pp. 65, 715.
23 Hack, M. "La investigación de la vida extraterrestre". Mundo Cientifico, nº 42, 1984, p.1190.
24 Rennje, J. "Los nuevos giros del ADN". Investigación y Ciencia, nº 200, 1993. p. 69.
25 Schwemmler, W. Endocytobiology. Schenk (eds.) De Gruyter, 1980.
26 Margulis, L.; Sagan. D. "El origen de las células eucariotas". Mundo Cientifico, vol. 5, nº 46. 1985. p. 366.
27 Gould, S. J. "La evolución de la vida en la Tierra". Investigación y Ciencia, nº 219, 1994. p. 55.
28 Seposki, J. "Fundamentos de la vida en los océanos". en El Libro de la vida. S. J. Gould (ed). Crítica, 1993.
29 Rampino, M. R.; Stothers, R. B. "Terrestrial Mass Extictions, Cometary Impacts and the Sun´s Motion perpendicular to the Galactic Plan". Nature 308, 1984. p. 709.
30 Poupeau, G. "Obedece el ritmo de extinción de las especies a un reloj astronómico?". Mundo cientifico, vol. 5. nº 49, 1985. p. 756.
31 Henning, W. Phylogenetic Systematics. Urbana: Univ. Illinois Press, 1966.
32 Lewis, E. B. "A Gene Complex controlling Segmentation in *Drosophila"*. Nature 276, 1978. p. 565.
33 Devillers, Ch.; Charline, J; Laurin, B. "En defensa de una embriología evoluitva". Mundo Cientifico, vol. 10, nº 105, 1990. p. 918.
34 Charlesworth, B.; Sniegowski, P; Stephan, W. "The evolutionary Dynamics of repetitive DNA in Eukaryotes". Nature 374, 1994. p. 215.
35 Dover, G. "Molecular drive: A cohesive Mode of Species Evolution". Nature 299, 1982. p. 111
36 Nevers, P.; Saedler, H. "Transposable genetic Elements as Agents of Gene Instability and Chromosomal Rearrangements". Nature 268, 1977. p. 109.
37 Bingham, P. M., Zachar, Z. Mobile DNA (eds. Berg, D. y Howe M.). American Society for Microbiology. Washington, D.C. 1989.
38 Orgel, L.E.; Crick, F. M. C. "Selfish DNA": The Ultimate Parasite". Nature 284, 1980. p. 604.
39 Moran, J. V.; Eskes, R.; Kennel, J. C.; Lambowitz, A. M.; Butow, R. A.; Perlman, P. Mp. "Mobil group II introns of yeast mitochondrial DNA are

novel site specific retroelements". Molecular and Cellular Biology 15:5; 1995. p. 2828.
40 García, J; Bayascas, J. R.; Marfany, G.; Munoz, A. M.; Casalo A.; Baguna, J.; Salo, E. "high copy number of highly similar marinelike transposons in planarian (*Plathelminthes*).: Evidence for a transphyla horizontal transfer". Molecular Biology and Evolution 12:3; 1995. p. 421.
41 Huet, T. et al. "Genetic organization of a chimpanzee lentivirus related to HIV-1". Nature 345, 1990. p. 356.
42 Rübsamen-Waigmann, H.; Dietrich, U. "La genealogía de los virus". Mundo Científico, vol. 11, nº 117, 1991.
43 Novick, R. P. "Plasmidos". Investigación y Ciencia, nº 53, 1981.
44 Coffin, J. Sexta Conferencia Internacional sobre Retrovirus humanos: HTLV. Absecon, New Jersey, 1994.
45 Jenkins A. "Diluted coat colour mutation of DBA/2 mice is associated with the site of integration of a ecotropic MuLV genome". Nature 293, 1981. p. 370.
46 Mathias, S. L. et al. "Reverse transcriptase encoded by a human transposable element",. Science 254, 1991. pp. 1808-1810.
47 Hall, S. J. "Genetic imprinting: Review and relevance to human diseases". Am. J. Hum. Genet. 46, 1990. pp. 857-873.
48 Duhl, D. M. S. et al. "Neomorphic *agouti* mutations in obese yellow mice". Nature Genetics 8, 1994. pp. 59-65.
49 Neumann, B. et al. "Characteristics *of* imprinted genes". Nature Genetics 9. 1995. pp. 12-13.
50 Rothenfluh, M. S. "Hypotheses: A memory lymphocyte specific soma-to-germline genetic feedback loop". Immunoglobulin and Cell Biology 73, 1995. pp. 2, 174.
51 Indraccolo, S. et al. "Identification of three human sequences with viral superantigen-specific primers". Mammalian Genome, 6, 1995. p. 5.
52 Lyden T. W. et al. "Expression of endogenous HIV-1 crossactive antigenes within normal human extravillous trophoblast cells". Journal of Reproductive Immunology, 28, 1995. p. 3.
53 Kirschner, M. "The cell cycle then and now". Trends in Biochemical Sciences 17, 1992. p. 281.
54 Hartwell et al. "Checkpoints: Controls that ensure the order of cell cycle events". Science 246, 1989. p. 629.
55 Chouard, T. et al. "El control de la expresión de los genes". Mundo Científico, vol 14, nº 149, 1994.
56 Struhl, K. "Dualitiy of TBP, the universal transciption factor", Science 263, 1994. p. 1103.

57 Luo Y. et al. "A novel B cell-derived coactivator potentiates the activation of immunoglobulin promoters by octamer-binding transcription factors". Cell 71 (2), 1992. p. 231.
58 Weinberg, S. "La vida en el Universo". Investigación y Ciencia, n° 219, 1994
59 Gould, S. J. "La evolución de la vida en la Tierra". Investigación y Ciencia, n° 219, 1994
60 De Ricqles, A. *"Archaeopterix,* un fósil enigmatico". Mundo Científico, vol. 5, n° 123, 1985.
61 Schalchli, L. "Un sistema nervioso muy flexible". Mundo Científico, vol. 12, n° 127, 1992.
62 Changeux, J. P. "Las neuronas de la razón", Mundo Científico, vol. 12, n° 127, 1992.
63 Lorenz, K. Die Rückseite des Spiegels, Versuch einer Naturgeschichte menschlichen Erkennens. R.Piper & Co. Verlag, München 1973
64 Riedl R. Die Ordnung des Lebendigen. Paul Parey, Hamburg und Berlin 1975
65 Müller,G. B. Experimental Strategies in Evolutionary Embryology, Amer. Zool. 31:605-615, 1991.
66 Bujatti-Narbeshuber, M. "Litoraltheorie der Hominisation", Agemus Nachrichten Wien 26:3-6, 1991.

12 Epilog

Die besondere Tragzeit dieses Buches (die evidenterweise keine Schwangerschaft in der Zeit war), kam deshalb zustande, da mir, dank Carlos Sentís, die Daten über die direkte Expression endogener Viren erst im Juni zukamen. Sie lassen sich als die "solidesten Beweise" in der Unterstützung der Zentralhypothese verstehen und wurden eilig dem Text zugefügt, als die ersten Druckproben bereits durchgeführt waren.
Obwohl vom orthodoxen wissenschaftlichen Standpunkt der Beitrag empirischer Beweise die einzig anerkannte Methode zur Unterstützung einer Hypothese ist, scheint dies aus meiner (ich weiß nicht, vielleicht zu persönlichen) Perspektive, nicht unbedingt notwendig. Nämlich dann nicht, wenn deren Fehlen durch "geistige Übungen" kompensiert wird, um die Daten, die aus den unterschiedlichen Forschungsgebieten stammen, untereinander zu verbinden und wenn man versucht, eine Synthese, ein Modell auszuarbeiten und das Gemeinsame der gesamten Information extrahiert.
Auf jeden Fall sind in der letzten Zeit Publikationen erschienen, die den Eindruck hinterlassen, "daß sich auf dem Gebiete der Biologie irgendetwas verändert, (oder zu bewegen beginnt)". Sowohl Carlos Sentís als auch Juan Carlos Stockert und José Luis Viejo haben mir Bücher und Artikel zukommen lassen, in denen - obwohl bei der Mehrheit dieser Arbeiten die orthodoxen Ideen über die Evolution nicht in Frage gestellt werden - man Daten zusammenträgt, die sich als konsistente Untermauerungen der in diesem Buche dargestellten Hypothese re-interpretieren lassen.
Da es nun zu spät ist, diese Texte noch in die Arbeit einzubeziehen, zitiere ich nur die Titel und überlasse die Inhalte der freien Interpretation des Lesers:

12.1 Bücher

Daniel C. Dennett; Darwins Dangerous Idea. Evolution and the Meanings of Life; Simon & Schuster, New York - London - Toronto - Sidney, (1995)

Christian de Duve; Vital dust, Life as a Cosmic Imperative; Basic Books (Harper Collins), New York (1995)

Eva Jablonka, Marion J. Lamb; Epigenetic Inheritance and Evolution, the Lamarckian Dimension; Oxford University Press (1995)

12.2 Artikel

John F. Mc Donald, "Transposable elements: possible catalysts of organismic evolution"; Trends in Ecology and Evolution, 10: 123-126 (1995)

Rubinstein, D. C. et al.; "Microsatelite evolution: evidence for directionality and variation in rate between species", Nature Genetics, 10: 337-343 (1995)

Jackson, J. B.C.; "Constancy and Change in Life in the Sea"; Phil. Trans. R. Soc. Lond., 334: 55-60 (1994)

Benton, M. J.; "Diversification and Extinction in the History of Life", Science, 268. 5207 (1995)

P. J. W. Venables, S. M. Brookes, D. Griffiths, R. A. Weiss, M. J. Boyd, "Abundance of endogenous retroviral envelope protein in placental trophoblasts suggests a biological function"; Virology, 211: 2 (20/8/1995)

Ich fühle mich natürlich moralisch verpflichtet, andere jüngere Publikationen zu zitieren deren Inhalt ausgesprochen gegensätzlich ist: in Nature 376, 17 August bilden zwei Artikel, eingerahmt im Bilde strengster Orthodoxie. In "Evolving Darwinism" (J. F. Y. Brookfield) werden Argumente wie das folgende dargestellt:" [....] In einem tieferen Sinne ist die Frage, ob die Mehrheit der Veränderungen in den DNA-Sequenzen in der Evolution selektiert oder neutral sind, von geringem Interesse". (Freilich, denn was hier der Evolution unterliegt, ist der Darwinismus. Es ist schon beinahe Neutralismus). In "RNA seeks its maker", unterstützt Joseph R. Piccirilli:" [..] die katalytischen und informativen Eigenschaften der RNA und die RNA-Cofaktoren in existenten Lebensformen zeigen deutlich eine Existenz einer RNA-Welt auf". Obwohl es nicht meine Absicht war, hier zu kommentieren, konnte ich der Versuchung nicht widerstehen. Diese Argumente, publiziert in einer so renommierten Zeitschrift, dämpfen meine Unruhe vor möglicher Inkonsistenz einiger Argumente, die in diesem Buche dargestellt werden.

Sicherlich werden weitere aktuelle Publikationen im einen oder anderen Sinne existieren, aber es erscheint mir nicht notwendig, den Text damit zu ergänzen. Vor allem auch deshalb, weil ich Gefahr laufen könnte, daß mir die Angestellten der Druckerei den Eingang versperren könnten, damit ich nicht schon wieder mit neuen einzelnen Seiten komme.

Abschließend möchte ich diesen Anhang ausnützen, um mich bei den Kollegen zu entschuldigen, die sich durch einige meiner, manchmal vielleicht extrem sarkastischen Ausdrucksweise verletzt fühlen könnten. Es ist nicht meine Absicht gegen Personen zu kämpfen, sondern (wenn überhaupt) gegen Ideen. In jedem Falle übernehme ich die volle Verantwortung.

Cantoblanco, 15 September 1995

13 Appendix

Interdisziplinärer Gerontologischer Forschungsverein
Hauffgasse 15 / 3 / 4 / 7
1110 Wien

Streß, Arbeit
Zeitmangel
Oberflächlichkeit
Egoismus
Schnellebigkeit
Informationsmangel
Fehlende Rückkoppelung
Trendabhängigkeit
Existenzangst
Konzernsaurier
Vergänglichkeit

All das gibt uns zu denken. Der Interdisziplinäre gerontologische Forschungsverein wurde Anfang 1997 gegründet. Die Kernidee ist es, Wissenschaftler verschiedenster Fachrichtungen sowie alle interessierten Personen an einen gemeinsamen Tisch zu bringen. Unser Hauptanliegen ist, Alterungsvorgänge transparent zu machen.

Eines unserer Ziele ist der ehrgeizige Plan die Leiden des Alterns zu lindern, wenn möglich den Alterungsprozeß zu verlangsamen oder gar einzufrieren.
Dies kann jedoch nur dann gelingen, wenn über die Grenzen der einzelnen Wissenschaften vorhandenes Wissen erfaßt und gegenseitig zur Verfügung gestellt wird.
Unser Konsumdenken, der rücksichtslose Verbrauch der natürlichen Ressourcen und sonstige Hiobsbotschaften unserer Zeit lassen den einzelnen vereinsamen.
Diesen Teufelskreis kann nur die gesamte Menschheit durchbrechen, und dieses Ziel will unser Verein fördern.

Sollte Ihr Interesse geweckt sein -

Für nähere Informationen stehen wir gerne zur Verfügung
Vereinsanschrift: PF 62 1112 Wien
Internetadresse:
http://www.geocities.com/ResearchTriangle/Lab/4580/index.html
Konto: IGF, Kto. Nr.: 04410 665153 BAWAG, BLZ.: 14000

Historisch-anthropologische Studien

Herausgegeben von Hubert Christian Ehalt

Band 1 Hubert Ch. Ehalt (Hg.): Inszenierung der Gewalt. Kunst und Alltagskultur im Nationalsozialismus. 1996.

Band 2 Peter F.N. Hörz: Gegen den Strom. Naturwahrnehmung und Naturbewältigung im Zivilisationsprozeß am Beispiel des Wiener Donauraumes. 1997.

Band 3 Lore Toman: Der neurotische Götterhimmel der Griechen. Europa im falschen Kielwasser? 1998.

Band 4 Andreas Pribersky / Berthold Unfried (Hg.): Symbole und Rituale des Politischen. Ost- und Westeuropa im Vergleich. 1999.

Band 5 Roland Werner: Transkulturelles Heilen. 1999.

Band 6 Wolfgang Greif (Hg.): Volkskultur im Wiener Vormärz. Das andere Wien zur Biedermeierzeit. 1999.

Band 7 Maximo Sandín: Lamarck und die Boten. Die Funktion der Viren in der Evolution. 1999.

Band 8 Herbert Frey: Die Entdeckung Amerikas und die Entstehung der Moderne. 1999.

Band 9 Gert Dressel / Gudrun Hopf (Hg.): Von Geschenken und anderen Gaben. Annäherungen an eine Historische Anthropologie des Gebens. 1999.

Band 10 Helga Dirlinger: Bergbilder. Die Wahrnehmung alpiner Wildnis am Beispiel der englischen Gesellschaft ca. 1700-1850. 1999.

FSC
www.fsc.org
MIX
Papier | Fördert gute Waldnutzung
FSC® C083411

Kolibri 360 GmbH
Ferdinand-Jühlke-Straße 7
99095 Erfurt, Deutschland
produktsicherheit@kolibri360.de

Druck:
CPI Druckdienstleistungen GmbH
im Auftrag der
Kolibri 360 GmbH
Ferdinand-Jühlke-Str. 7
99095 Erfurt